人工智能时代安全研究：

风险、治理、发展

刘　恒　贾点点　孟　利／著

"晴天修屋顶"

统筹人工智能发展与安全

四川大学出版社
SICHUAN UNIVERSITY PRESS

图书在版编目（CIP）数据

　　人工智能时代安全研究 ： 风险、治理、发展 / 刘恒，
贾点点，孟利著 . -- 成都 ： 四川大学出版社，2025. 3.
ISBN 978-7-5690-7813-8

　　Ⅰ．TP18

　　中国国家版本馆 CIP 数据核字第 2025YR6844 号

书　　　名：人工智能时代安全研究：风险、治理、发展
　　　　　　Rengong Zhineng Shidai Anquan Yanjiu: Fengxian、Zhili、Fazhan
著　　　者：刘　恒　贾点点　孟　利

选题策划：蒋姗姗
责任编辑：阎高阳
责任校对：张桐恺
装帧设计：墨创文化
责任印制：李金兰

出版发行：四川大学出版社有限责任公司
　　　　　地址：成都市一环路南一段 24 号（610065）
　　　　　电话：（028）85408311（发行部）、85400276（总编室）
　　　　　电子邮箱：scupress@vip.163.com
　　　　　网址：https://press.scu.edu.cn
印前制作：四川胜翔数码印务设计有限公司
印刷装订：成都市火炬印务有限公司

成品尺寸：170 mm×240 mm
印　　张：8.125
字　　数：150 千字

版　　次：2025 年 5 月 第 1 版
印　　次：2025 年 5 月 第 1 次印刷
定　　价：56.00 元

扫码获取数字资源

四川大学出版社
微信公众号

序

　　刘恒虽工作在实务部门，但对理论研究兴趣颇大，兴致颇高，还常常与我讨论学术问题，提出引人深思的观点，特别是一些有关国家安全的理论观点。多年前，他在有关经济安全的博士学位论文中，还引述了我在国家安全领域的一些理论观点和粗浅看法，这自然使我高兴。

　　博士学业完成进入实际工作部门几年来，刘恒依然思考不断，笔耕不辍，在机关工作之余挤时间埋头写作，不仅发表了几篇有关国家安全治理的学术文章，而且还在 2024 年底撰写完成了学术专著《人工智能时代安全研究：风险、治理、发展》，真是可喜可贺。

　　人工智能的兴起和发展，无疑是科学技术的又一次重大进步和革命。从古到今，人类发明的一切技术，都是人体功能的延伸与放大，有的是对人的肢体和体能的延伸和放大，有的是对人的大脑和脑力的延伸和放大。人工智能虽然从名称上看好像就是对人类智能即大脑和脑力的延伸和放大，但事实上，其不仅在延伸、放大、强化、超越人类的智能，而且也在延伸、放大、强化和超越人类的体能，是一次对人体各方面功能前所未有的全面延伸、放大、强化和超越。人工智能正在完成人类以往难以完成甚至无法完成的一些事情，也将完成更多人类无法完成甚至难以想象的事情。乐观的人不禁兴高采烈，眼前是一幅无限光明、无限美好的景象。其中最令人神往的是人类的一切疑难杂症都将由人工智能快速诊断清楚，一切不治之症都将被人工智能快速发明出来的药物彻底治愈，不仅长寿成为可能，而且永生也并非完全不可能。

　　然而，过往历史经验也使一些人感到担忧和悲观，担心人工智能的负面作用得不到有效控制，甚至担心人工智能有一天可能消灭我们自己、消灭整个人类。这并非杞人忧天。居安思危、未雨绸缪，总比事前高枕无忧、事来措手不及要好。正如刘恒在本书结尾所说："在对人工智能安全研究的漫漫征途中，我们需要用乐观的心态点亮希望的灯塔，以悲观的思考筑牢风险的防线。乐观让我们敢于梦想，勇于尝试，不怕失败，坚信每一次的努力都在靠近真理；悲观令我们谨慎行事，充分预估风险隐患，精心设计方案，避免盲目冲动。也只有在乐观与悲观之间寻得平衡，我们才能在科学研究的道路上走得更快、更远、更安全。"在人工智能突飞猛进的今天，把人工智能发展中可能出现的各种风险因素和安全问题想得多一些、大一些、深一些，引起更多人的警觉，特别是引起研发人工智能的科学家、设计师、工程师、技术人员、企业经理的关注和思考，应该是一件值得肯定和鼓励的事情。难能可贵的是，本书作者看到了人工智能与安全风险之间的内在联系，意识到从这项技术诞生之日起，就天然具有风险因素和安全属性，甚至已成为事关国家安全的重大问题。这就清晰地点明了此项研究的重要性和紧迫性。

《人工智能时代安全研究：风险、治理、发展》共七章，除第一章"引言"严谨地阐述了这个问题的研究背景和意义、研究现状与不足，以及最后的第七章在对未来"展望"时提出了一些非同一般的独立性新颖思考外，中间五章分别是"人工智能发展简史"（第二章）、"人工智能安全问题背景"（第三章）、"人工智能安全风险"（第四章）、"人工智能安全治理"（第五章）、"人工智能安全与发展的关系"（第六章）。这些主体章节深入阐述了人工智能时代安全形态的新变化，提出了建立人工智能安全治理机制的重要意义，论证了平衡人工智能安全与人工智能发展的现实路径等一系列重要问题。这些问题，既是国家安全学这一"大安全"学科的前沿问题，也是全体人类迈向智能化道路上正在经历和必将经历的重要问题，因而是人工智能开发研究时不能不给予高度重视的问题，更是各方面安全学需要深入研究和解决的重要问题。书中所述，对于这些方面的实务工作和学术研究都有不同程度的启发。

这几年来，我见证了刘恒作为一位青年研究者学习奋斗与快速成长的历程。其中既有业务工作中的压力，也有学术事业上的高光。让我佩服的是，在一个"文满为患"且普遍浮躁的学术环境中，他不但越来越清楚自己要做什么，也逐渐在这个学科中找到了自己的位置。更让我高兴的是，他和我之间总是会出现某种神奇的"同频"与默契。比如，都关注对"国家安全"概念的前提式反思追问，重视夯实学术理论大厦之基；都关注经济社会运行中的实际性安全问题，努力探索理论与实践的深层关系；都关注国家安全学学科建设，也都意识到国家安全学服务国家总体安全的综合性作用……在迅速扩张与发展的国家安全学学科建设过程中，我们常会有意无意地形成一些共识。

当然，由于人工智能技术方兴未艾，其应用还处于起步阶段，其中的成功与失败、安全与风险，任何一本书都难以做出完美无缺的论述，更不可能毕其功于一役。本书疏漏和不足之处，还需要通过包括作者在内的本领域专家学者的进一步研究来不断完善。

20 世纪 90 年代，国际关系学院内部开办国家安全专业时，由于当时我国《普通高等学校本科专业目录》中尚未设置"国家安全"专业，这一开创性工作遇到了难以克服的障碍，最终在十年后的新世纪初不得不半途而废。但是，我们为数不多的一些老师，坚持编写出版《国家安全学》教材，坚持开设讲授"国家安全学"课程，坚持进行国家安全学理论和现实问题的研究，形成了国家安全学的一些早期教学科研成果。这些成果，对国家安全学作为一级学科正式进入我国高等教育专业目录，对于当前的国家安全学理论研究和学科建设，应该说起到了一定的积极作用，甚至有人称其为"中国特色国家安全学自主知识体系 1.0"。现在，以往关于要不要设立国家安全学、国家安全学是不是可以成为一门学问的争论，已经不是问题，问题是如何建设好新兴的国家安全学学科。在这一学术背景下，人工智能安全风险问题研究，无疑是进一步完善国家安全学学科体系不可或缺的内容。因此，我为刘恒能够深入研究人工智能安全风险问题，能够撰著出版《人工智能时代安全研究：风险、治理、发展》一书，深感振奋和高兴。

　　谨向作者致敬，谨向读者致敬。

2025 年 1 月 19 日于北京海淀坡上村

目录

第一章 引　　言

第一节　研究背景及意义

党的十八大以来，以习近平同志为核心的党中央把发展人工智能提升到战略高度，指出：人工智能是引领新一轮科技革命和产业变革的战略性技术，具有溢出带动性很强的"头雁效应"，并强调"要加强人工智能发展的潜在风险研判和防范，维护人民利益和国家安全，确保人工智能安全、可靠、可控"①。为实现这一目标，我国逐步加强对人工智能发展的规范化建设，积极开展对新技术、新业态的安全治理工作。

人工智能的风险、治理及发展等相关问题之所以引起各界的广泛重视，其原因很大程度上在于，人工智能与安全之间具有十分紧密的内在联系。一方面，随着相关技术进入大规模、全方位的应用阶段，人工智能对社会发展的推动力、对社会伦理与秩序的冲击力，以及这些作用背后的复杂性，都是人类既往的技术发明所不具备的，其中蕴含着技术运用、网络运行、经济社会等方面的风险，同样是前所未有、不容小觑的安全隐患；另一方面，为了推动安全治理体系和能力现代化，技术赋能既是其中必有之义也是其基本实现路径。当前，人工智能正以其强大的技术能力，深度嵌入安全治理的各方面、全过程。仅从技术维度看，"大安全"的很多领域都可以成为人工智能技术的应用场景，使其获得过去无法想象的"用武之地"，并可能推动其成为关键性治理工具。

实际上，世界各国都在密切关注人工智能安全治理相关问题，人工智能的"大安全"范畴已成为全球性的竞争新赛道与合作新舞台。2018 年 4 月，欧洲25 个国家签署了《人工智能合作宣言》，旨在确保有足够的法律及道德框架，

---

① 《习近平：加强领导做好规划明确任务夯实基础，推动我国新一代人工智能健康发展》，《人民日报》2018 年 11 月 1 日第 1 版。

建立人工智能基本权利和价值观，包括个人隐私保护、技术透明度、安全问责制等原则。2020年7月，世界人工智能大会围绕人工智能的发展、伦理、治理等方面进行了广泛的讨论，倡导建立一个更加公平、透明、安全的人工智能环境，2022年9月，在沙特阿拉伯召开的第二届全球人工智能峰会上，发布了《利雅得人工智能行动宣言》和《沙特阿拉伯人工智能道德准则》，概述了运用人工智能技术造福社区、国家乃至整个世界的长期愿景。2023年11月，全球首届人工智能安全峰会发布了《布莱切利宣言》，进一步阐明了发展人工智能在伦理和社会责任、安全与隐私保护、国际合作等方面的基本原则。2024年7月，世界人工智能大会暨人工智能全球治理高级别会议发表《人工智能全球治理上海宣言》，强调打造可审核、可监督、可追溯和可信赖的人工智能技术的必要性，倡导构建人工智能全球治理体系，鼓励多元主体积极发挥与自身角色相匹配的作用。

与此同时，中国的人工智能安全治理议题方兴未艾，伴随技术的发展，相关议题业已成为舆论的热点、关注的焦点、理论的难点。在此背景下，我国政府推动制定了一系列有关人工智能治理的倡议和准则。例如，2019年6月，国家新一代人工智能治理专业委员会发布了《新一代人工智能治理原则——发展负责任的人工智能》；2023年10月，中央网信办发布《全球人工智能治理倡议》；2024年7月，世界人工智能大会暨人工智能全球治理高级别会议发表《人工智能全球治理上海宣言》；等等。2024年7月，党的二十届三中全会提出，要注重统筹发展和安全，建立人工智能安全监管制度，推进国家安全科技赋能等，擘画了新的蓝图。党和国家对人工智能安全治理领域的高度重视，无疑为解决人工智能发展中产生的问题，走中国特色技术与安全双向赋能之路指明了前进方向，注入了强大动力。

研究人工智能安全治理尤为重要，不仅是应对当前挑战的必要准备，也是将来推动健康有序发展的关键环节。通过专题性深入研究，明确接下来综合施策的方向、举措及步骤，增进数据安全保护、技术监管、伦理规范、国际合作与人才培养等方面的努力，可以有效促进人工智能与国家安全的良性互动，为中国乃至世界的经济社会发展贡献力量。例如，在保障数据安全与隐私方面，数据是人工智能发展的基石，但在数据采集、存储、处理过程中可能涉及大量敏感信息，一旦这些数据被不当使用或泄露，将严重威胁个人隐私，进而影响国家安全。因此，建立健全数据安全管理体系，确保数据全流程的合规性、安全性使用，对于维护人工智能生态系统的稳定具有重要意义。在防范技术滥用误用方面，已有多种恶意利用形式，包括通过深度伪造技术制造虚假信息，影响社会稳定和国家安全。研究如何有效监管这些技术的使用，预防潜在的风险，是安全综合治理的重点之一。在促进技术创新与伦理规范相统一方面，技术创新必须遵循一定的社会伦理原则，遵从社会主流价值观，加强对科技伦理的教育宣传，提升科研人员的伦理道德意识，确保技术发展的方向始终沿着增进人类福祉的轨道前进，有助于从技术维度构建健康和谐的社会环境。在推动国际合作交流方面，全球化背景下，人工智能的发展离不开国际合作。强化与世界各国的技术交流，共同制定国际标准和规范，不仅可以加速技术进步，还能增强国际间的信任与理解，共同应对跨国性的安全挑战。在构建可持续的人才培养体系方面，任何先进技术的长远发展都依赖于高水平的人才队伍，提高人才培养力度，特别是算法底座、应用软件、基础架构等方面的学习，既能为相关产业发展提供源源不断的智力支持，也能促进人工智能技术的持续创新与应用。

实现科学有效的人工智能安全治理，归根结底是推动实现人工智能的健康可持续发展，统筹人工智能的安全与发展。安全治理不是最终目的，治理是为了更好的发展，故而同样不可偏废对"发展"的研究和关注，无论是主观思维还是客观实践，"非黑即白"都是大忌。当前以"数据—算法—算力"为内核架构的人工智能发展技术路线，其持续发展的潜力仍面临重大的不确定性。截至目前，在本次以人工智能为代表的技术革命中，作为最底层基石的"智能原理"，较前序人类科技革命而言尚未出现根本性变化，对数据的依赖反而越来越严重，对算力资源的消耗也愈发巨大。区别于人类自身的理想智能体应该是低熵的，不能以算力资源的高能耗来换取"智能"，亦同样不能单纯以"复杂性"拓扑来评价"智能"的优劣。符合人类最佳利益的智能应当是高安全性的，其模型输出的结果符合物理世界的真实状况，生成的结果也必须确保对人类无害。人工智能的终生"学习"能力，要不断完善且具备"遗忘"能力，真正促进人类优质知识的积累，不能功能强大却效率低下。要实现这样的"智能"目标，在发展的维度上，我们其实还有很长的路要走。

总之，随着技术的快速发展和广泛应用，在人工智能成为驱动经济社会变革的关键性技术力量的进程中，对其开展深入的安全研究十分必要、非常及时，研究价值亦将随之凸显。

第二节　研究现状与不足

总的来看，学界目前对人工智能安全问题的研究工作已取得长足进展，对于科技安全领域已经有了比较丰富的探讨，形成了包括人工智能技术在内的一些安全主旨相关文献，大大推进了围绕整体性研究的广度和针对某一专题专项研究的深度，大部分理论成果对今后的深入进阶研究非常重要。

笔者团队借助统计学工具，以"文献计量分析法"分析相关文献的数量分布、结构及特征规律，以期"深度挖掘文献信息、精度确定核心文献、广度探索学科融合，以此提升科研效率"[①]。从21世纪初部分高校探索创立整体性的安全学科，特别是从总体国家安全观成为中国新时代"大安全"指导思想以来，学界对于科技安全领域已经进行了比较丰富的探讨。同时应该看到，人工智能（尤其是大语言模型技术形态）尚属于比较前沿的新生事物，目前在人文社会科学领域对此关注的程度还不够高、研究得还不够深，通过文献计量分析此类文献资料的内在规律和稳定特征还有一定的局限性，故分析结果仅作参考。

为有效扩大视野范围，笔者团队首先按语种来源区分为外文文献和中文文献两大部类。其中，外文文献主要是考察全球范围内人工智能发展的技术趋势，尤其是应用人工智能技术开展国家安全治理的经验事实和相关思考；中文文献主要是考察总体国家安全观中关于科技安全的思想理念，只有贯彻"大安全"指导思想的立场、观点和方法，研究工作产生的结论才能锚定正确严谨的方向，做到学术研究和社会效果的统一。

在文献选取范围上，应从两个角度进行。一是按照"热度线"，分别选取中文、英文主流学术平台上具有较高引用率的代表性文献资料，目的是更有效率地达成观点妥协，凝聚学术共识。尽管文献"非主流"并不意味着没有学术价值，但当前安全学科领域相关研究迫切需要走出"基础概念争论泥潭"，抓紧构筑学科体系大厦。二是按照"时间轴"，提取在本问题范围内相对新颖和

[①] 顾海兵、王甲：《中国经济安全研究的文献计量分析——基于中文文献的分析》，《南京社会科学》2018年第3期。

相对前沿的研究成果。具体来看，暂设定以 ChatGPT 问世以降为宜。① 人工智能技术日新月异，属于经常"超乎预料"的科技前沿领域，由此衍生的许多问题特别是安全治理方面的问题，都属于新情况、新问题，虽离不开经典理论的指引，但更为重要的是面向未来发展。

外文文献方面，作为传统科技强国，美国学界对新一代人工智能技术普遍比较关注。为了保持其国际领先地位，美国政府部门将本国人工智能发展规划置于战略优先级，尤其较为重视军事领域的新技术应用及可能带来的颠覆性影响。具有美国军事研究背景的丹尼尔·S. 霍利（Daniel S. Hoadley）和凯丽·M. 塞勒（Kelley M. Sayler）先后以专题报告的形式发表了关于"人工智能与国家安全"的阶段性总结，两份报告一致认为：人工智能是一个快速发展的技术领域，对国家安全有潜在的重大影响。因此，"美国防部正在为一系列军事功能开发人工智能应用程序"，而人工智能"即使不是革命性的影响，至少也具有进化性的影响"，等等。②

技术发展带来国家安全工作高效率的同时，英国学者同样关注人权和人的隐私在技术进步过程中的保护，并积极推动相关政策的制定。A. 巴布塔（A. Babuta）等人指出，人工智能一方面为英国国家安全实务界提供了大量机会来提高现有流程的效率和有效性，人工智能方法可以快速从大型、不同的数据集中获取见解，并识别人类操作员可能忽视的联系；另一方面，人工智能的使用可能会引起额外的隐私和人权考虑，需要在现有的法律和监管框架内进行评估。因此，需要加强政策和指导，以确保随着新的分析方法应用于数据，不断审查人工智能在国家安全使用中对隐私和人权的影响。③

欧盟研究者从人工智能的正向意义出发，正视技术在各个领域的突破趋势，立足传统欧洲社会本身的结构特点，强调应捍卫人的自由，同时保持自身科学前沿地位，更多地维护稳定的国家安全秩序。安德鲁·摩尔（Andrew Moore）2021 年在一份专题报告中指出，谁先将人工智能的发展转化为应用，谁就能占据优势，"我们开展的人工智能应用，我们重新设计的组织，我们建

---

① 2022 年 11 月，美国 OpenAI 公司研发推出名为 Chat Generative Pre-trained Transformer 的一款聊天机器人程序，是高度成熟的受人工智能技术驱动的生成式自然语言处理预训练大模型，具有技术上的标志性意义。

② Daniel S. Hoadley and N. J. Lucas . "Artificial Intelligence and National Security［April 26, 2018］." (2018). K. Sayler. "Artificial Intelligence and National Security［Updated November 21, 2019］." (2019).

③ A. Babuta，M. Oswald and Ardi Janjeva. "Artificial Intelligence and UK National Security: Policy Considerations." (2020) Technical Report. RUSI. London.

立的伙伴关系，以及我们培养的人才，将确定欧洲的战略路线。应该负责任地利用人工智能来捍卫自由人民和自由社会，并为了全人类的利益而推进科学前沿"，"人工智能将重组世界，欧洲必须带头"。①

近几年来，外文代表性文献聚焦"人—机"互动关系，主要以定性研究的方法，进行了整体性描述，结合世界前沿科技发展态势，对人工智能技术的进阶路线及现已可能产生的安全影响尤其是国家安全影响开展总结和预估，提出了总体层面的安全治理诉求，以及维护人权、人的自由和隐私等战略愿景。目前的国际研究状况也给我们带来了另一个层面的启发，即人是文化的生产者和被塑造者，凡是思考类人智能体的安全问题，皆离不开文明族群的差异性，要立足于各国的文化传统。

接下来依次分析中文学界人工智能安全治理研究的文献作者、文献特征和文献内容，揭示该问题领域相关文献的结构特征和数量关系，并以此为基础，对人工智能安全研究的现状进行总结梳理。笔者团队通过对"中国知网"数据库文献和"百度"平台相关资料的挖掘，时间跨度限定为 2018 年 1 月 1 日至今，以"总体国家安全观""技术安全""人工智能技术""安全治理"等为主题词，逐步由单一关键词语义向复合语义关联收敛，初步得到符合核心内涵特征的文献 73 篇、资料 683 件。经文献计量分析，结果如下。

一、文献资料年度特征分析

文献数量：2018 年 5 篇、2019 年 7 篇、2020 年 10 篇、2021 年 15 篇、2022 年 17 篇、2023 年 19 篇；

资料数量：2018 年 83 件、2019 年 92 件、2020 年 101 件、2021 年 124 件、2022 年 138 件、2023 年 145 件（见图 1—1）。

---

① Peters S. Park, S. Goldstein, and A. O'Gara, et al. "AI Deceptson: Asurvey of Example, Risks, and Potential Solution", *Patterns*, 2024, 5 (5).

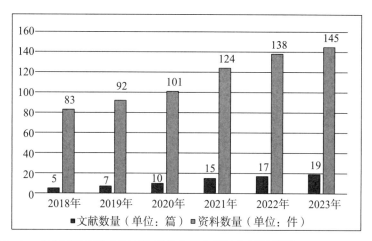

图 1−1　"人工智能安全治理"相关主题文献及资料数量图（2018—2023 年）

2018 年以来，历年均有关于"人工智能安全治理"主题的期刊文献发表，也有互联网资料问世，很明显，相关研究的数量呈现逐年递增趋势，其峰值出现在 2023 年。应该说，随着人工智能社会的到来，总体国家安全观逐步入脑入心，技术安全热点问题呈逐年升温态势。

二、文献资料分布特征分析

期刊文献方面，《情报杂志》，7 篇，占比 9.72％；《保密工作》，5 篇，占比 6.94％；《国际研究参考》，5 篇，占比 6.94％；《江南社会学院学报》，4 篇，占比 5.56％；《人民论坛》，4 篇，占比 5.56％；《中国信息安全》，3 篇，占比 4.17％；《中学政治教学参考》，2 篇，占比 2.78％；《人民论坛·学术前沿》，2 篇，占比 2.78％；《国际安全研究》，1 篇，占比 1.39％；《中国刑警学院学报》，1 篇，占比 1.39％。以上前十大期刊共计刊发 34 篇，合计占比 47.23％（见表 1−1）。

表 1−1　刊文量前十位期刊名录及所刊数量（2018—2023 年）

排序	期刊名	刊载数量（单位：篇）	占比
1	情报杂志	7	9.72％
2	保密工作	5	6.94％
3	国际研究参考	5	6.94％
4	江南社会学院学报	4	5.56％

排序	期刊名	刊载数量（单位：篇）	占比
5	人民论坛	4	5.56%
6	中国信息安全	3	4.17%
7	中学政治教育参考	2	2.78%
8	人民论坛·学术前沿	2	2.78%
9	国际安全研究	1	1.39%
10	中国刑警学院院报	1	1.39%
	合计	34	47.23%

互联网资料方面，排在搜索平台前部位置的来源常见"人民网""求是网""中国新闻网"等权威官媒，但其他社会办新闻网站和微信公众平台也有一定的刊载数量。因与专业文献趋势相同，具体数据不做精准统计。

文献资料分布反映了两个基本特征：一是截至目前，关于新兴领域、新型渠道的技术治理理论，发表在权威及核心学术刊物的研究数量明显偏少，具体原因有待深入分析，其背后也反映了目前缺少学术造诣较深、获得广泛公认的学术成果。二是数量分布比较分散，专业文献的集中度不高，也尚未形成"布拉福德定律"[①] 的"三个分区"现象。可以进一步大胆地推断认为，相关问题领域的学术对话机制不彰，"学术丛"搭建尚且不多。

三、文献资料传播特征分析

截至 2024 年 10 月，上述文献总共被引用 598 次，篇均被引 8.31 次[②]。该结果直观地反映了一个基本特征：问题域中的大量文献都是"沉睡文章"，无人问津。此外，被引量居于前列的"头部文献"中，聚集效应也不突出，单篇被引量仍不够高。这也从另一个角度加深了关于文献资料分布中的主要态势，即本领域的获得一致学术认可的主题或观点不多。

从整体研究状况来看，尽管现有研究大大加深了人工智能安全治理相关问

---

① 该定律系由英国化学家、文献学家布拉德福德在 1948 年首次提出，用以描述文献序性结构的经验定律。基本思想是将科学杂志中刊载不同学科主题的论文数量以递减顺序排列，从而可以识别出载文率最高的"核心"部分以及与之相等的后续几个区域。"核心"部分和后续区域中所含的期刊数量成 $1：\alpha：\alpha^2\cdots\cdots$ 的关系，其中 $\alpha>1$。

② 此处根据中国知网数据统计。

题的广度与深度，但仍然存在着以下几个层次的明显不足。

首先，相对于技术发展，安全研究严重滞后。新技术的出现通常是为了满足人们对于更高效、更便捷、更丰富的服务体验的追求，在强烈主观需求和商业利益的驱使下，技术创新及推广速度非常快，而安全研究往往需要在技术已经广泛应用并逐渐暴露问题之后，才会得到足够的重视。这也符合新技术诞生之初，人们总是更关注其功能效益，却对潜在安全风险认识不足的常律。笔者团队以 2012 年 AlexNet 的出现带动新一代人工智能技术勃兴为起点，利用全球引文数据库（Web of Science）对生成式人工智能发展与安全的相关文献进行统计分析，数据结果显示：近十年来，相对于技术创新方面的发展研究，安全研究相对明显滞后，尤其随着技术进步频次的加快，自成熟以后，转换器（Transformer）范式在预训练大模型领域，这种滞后现象十分突出。

其次，安全研究日渐热络，但与技术和应用发展相比仍差距很大。新技术的发展具有突破性、颠覆性，相应的安全研究需要对这些复杂、新颖技术进行深入分析理解，这需要一定的时间和专业知识的积累。研究安全的人员也需要花费大量的精力，关注、搜集一定数量的安全案例，才能跟上技术的步伐，有效识别安全威胁。从 2022 年底 ChatGPT 横空出世至今，专业性论文发布数量增长较快，如在 arXiv 平台[①]，抓取与人工智能安全相关的论文共 2500 余篇，其中近 95％涉及大语言模型的攻击和防御等相关主题，同期，与大语言模型安全相关的技术专利申请及授权数量也在快速增长，但与技术蓬勃发展的态势相比，安全研究成果的数量差距仍然较大。

最后，宏观上总的安全研究方向的范围比较宽阔，热点重点不少，但关于安全方面的具体的专业化研究相对较少。综观现有的安全研究，其包含了理论研究、技术研究、政策和伦理研究、实际应用研究四大类别，且在每个研究类别项下，又分别包含了若干个研究细目，分别聚焦不同的具体问题，整体呈现热点频出的局面。但是，安全研究域内部，也存在着不平衡、不充分的现象，其中十分突出的就是关于人工智能国家安全治理方面的研究数量较少、质量不高的问题。

一般认为，通用人工智能在改变世界的同时，会"带来"一定程度的国家安全风险或挑战，但具体是哪些方面或领域的国家安全风险挑战及其程度如何？各家论述不尽相同。此外，还要补全命题逻辑链，说明是什么主体通过什么样的人工智能技术怎样影响了国家安全，关键要弥补"机制断裂"问题，讲

---

① 系目前全球最大的预印本论文发布平台。

清楚两个事物之间究竟是如何产生的影响，是主观影响还是客观影响，是或然影响还是必然影响，等等。

这样不平衡、不充分的研究状况，与其重要意义形成鲜明对比。

第二章 人工智能发展简史

第一节 初始智能阶段 （1950—2010 年）

一、人工智能概念的提出 （1956 年）

"人工智能"这一概念诞生于一次历史性的聚会——达特茅斯会议。1956 年夏季，美国学者约翰·麦卡锡（John McCarthy）、马文·闵斯基（Marvin Minsky）以及供职于 IBM 的两位资深科学家克劳德·香农（Claude Shannon）和尼尔·罗切斯特（Nathan Rochester）组织了一次学术会议，邀请包括赫伯特·西蒙（Herbert Alexander Simon）和艾伦·纽厄尔（Allen Newell）在内的一批数学家、信息学家、心理学家、神经生理学家和计算机科学家参加，与会者共 10 人，会议在美国达特茅斯学院举行，为期两个月。会议中，麦卡锡首次提出"人工智能"这一概念。这次会议开启了人工智能的历史，为人工智能的发展确立了目标，从这之后，无数学者开始为使机器变得更"智能"这一目标而不懈奋斗。

人工智能概念诞生之后的岁月里，由于不同学科背景的学者从不同的角度，用不同的方法，沿着不同的途径对人工智能的本质进行探讨，形成了三种主流的人工智能研究学派：一是符号主义，以符号表示知识并进行符号推理，将智能看作大脑对各种符号进行处理的功能；二是联结主义，从结构的角度模拟人类的智能，即利用人工神经网络模拟人脑神经网络以实现人工智能；三是行为主义，认为智能只有在与周围环境进行交互作用时才能表现出来，关注人在控制过程中的智能行为和作用。[①]

---

① 党建武等编著：《人工智能》，北京：电子工业出版社 2012 年版，第 101 页。

符号主义侧重于逻辑推理和符号操作，联结主义侧重于神经网络和模式识别，而行为主义则关注行为模式和外部观察。这三种学派各有优势，也各有局限，在人工智能的历史发展中一方唱罢、一方登场，相互补充，共同推动了人工智能的迭代。

二、符号主义的主导期（1950—1980 年）

符号主义的核心观点是智能可以通过符号及其操作来实现，这些符号代表了现实世界中的对象概念，而智能行为则是通过这些符号的逻辑操作来完成的。早期的数字计算机被广泛应用于数学及自然语言领域，用于解决代数、几何和简单翻译问题。其具备的逻辑运算能力、二进制表示、编程灵活性、存储和处理能力，具有通用性和扩展性，与符号主义的核心思想相匹配，为符号主义理论的实现奠定了基础。

1950 年，英国数学家、逻辑学家、密码学家艾伦·麦席森·图灵（Alan Mathison Turing）提出了"图灵测试"的概念。这是一种评估机器智能的方法，即如果机器能够在测试中展现出与人类无法区分的智能行为，那么它就具有智能。这在当时被认为是人工智能学术界的"北极星"。

1955 年，美国计算机学家艾伦·纽厄尔、赫伯特·西蒙和约翰·克里夫·肖（John Cliff Shaw）开发了第一个能使用启发式搜索与列表处理的人工智能程序——"逻辑理论家"（Logic Theorist）。

1958 年，麦卡锡提出了能够有效处理符号信息的 LISP 语言。同年，美国康奈尔大学的心理学家、计算机学家弗兰克·罗森布拉特（Frank Rosenblatt）提出了感知器模型，这是第一个能够学习权重并进行简单分类的多层人工神经网络。感知器的出现标志着联结主义的初步形成，尽管它本质上是一个线性模型，但已经拥有了现代神经网络的主要构件，体现了早期人工智能思想。这在当时引发了一股关于人工神经网络的研究热潮，但由于当时数字计算机的发展处于全盛时期，人们认为数字计算机便是人工智能的未来，加上当时的技术水平比较落后，主要的计算机元件是电子管或晶体管，单个元件体积大、价格昂贵，要制作出能比拟人脑的人工神经网络，在当时是不可能的，以致人工神经网络研究不久后便陷入沉寂。[1]

1960 年，纽厄尔、西蒙和肖基于对"逻辑理论家"的研究，创建了"通

---

① 金军委等编著：《人工智能导论》，北京：北京大学出版社 2022 年版，第 78 页。

用问题求解器"（General Problem Solver，GPS），其能够解决定理证明、几何问题、国际象棋对抗等类型的问题。

符号主义在模拟人类逻辑思维方面的表现与图灵测试的要求相符合，所取得的成就也证明了其在人工智能领域的可行性。这让当时的学术界和工业界普遍认为，通过逻辑与规则就能解决人工智能的问题，因此投入了大量的资源来研发符号主义技术，这也为符号主义在接下来30年的发展主导地位奠定了基础。

20世纪60年代，一些"非主流"的人工智能技术也在悄然诞生。德国专家英戈·罗森伯格（Ingo Rechenberg）和汉斯·保罗·施韦费尔（Hans Paul Schwefel）提出了一种基于达尔文进化论的进化策略，即通过模拟生物进化的机制来指导搜索过程，从而在广泛的应用领域中找到有效的解决方案。1965年，美国数学家洛特菲·A. 扎德（Lotfi A. Zadeh）为了解决现实世界中的不确定性问题，提出了"模糊逻辑"。模糊逻辑的核心思想是使用模糊集合的概念，通过隶属度来精确地刻画元素与模糊集合之间的关系，从而更好地模拟人类的思维和决策过程。

20世纪70年代，人工智能研究面临技术瓶颈：计算能力的限制、数据稀缺，以及对人工智能潜力的过度乐观预期逐渐落空，这些因素导致研究进展的减缓和投资的减少，大众对人工智能的兴趣也有所下降，人工智能技术发展迎来了第一次寒冬。

20世纪80年代初，"专家系统"（Expert System）的成功应用为人工智能研究带来了新的转机。所谓"专家系统"，是一种具有专门知识和经验的计算机智能程序系统，能够模拟特定领域的专家知识，通过知识库搭配推理机来解决复杂问题。1965年，美国斯坦福大学的费根鲍姆（E. Feigenbaum）教授和化学家勒德贝格（J. Lederberg）合作开发出世界上第一个专家系统"DENDRAL"，它能根据化合物的分子式和质谱数据推断化合物的分子结构。70年代中期，费根鲍姆又研制出医疗专家系统"MYCIN"，这是一个用于诊断和治疗感染性疾病的医疗专家系统。1977年，费根鲍姆在第五届国际人工智能联合会议上提出"知识工程"，其核心理念是将具体智能系统研究中那些共同的基本问题抽取出来，便于知识重用与系统开发。知识工程的诞生赋予专家系统以新的活力，并将其进一步推向应用。80年代，随着专家系统的逐渐成熟，其应用领域迅速扩大。这些应用提高了产品质量，在产生经济效益方面带来了巨大成效，极大地推动了生产力的发展，从而证明了人工智能的实用价值，人工智能研究再次充满活力。

但好景不长，专家系统扩展知识困难、维护成本高等缺陷，使原本充满活力的市场大幅崩溃，人工智能的发展在 20 世纪 80 年代末再次进入低潮时期。与此同时，符号主义技术由于只是对符号做出响应，不具备生命体心智，缺乏学习机制，因此遭到了一些科学家的抵制。而模拟与数字混合的超大规模集成电路制作技术提高到新的水平，为人工神经网络提供了实现基础，这预示着人工神经网络寻找出路的时机已经到来。

三、联结主义与人工神经网络的崛起 （1990 年至今）

1982 年，J. 霍普菲尔德（J. Hopfield）提出以其命名的"霍普菲尔德"人工神经网格模型，它拥有很强的计算能力并且具有联想记忆功能，是一种早期的循环神经网络（Recurrent Neural Network，RNN），这标志着人工神经网络新一轮的复兴。

1986 年，大卫·鲁梅尔哈特（David Rumelhart）和杰弗里·辛顿（Geoffrey Hinton）等人提出反向传播算法（Backpropagation，BP），这是一种有效的多层神经网络训练算法，它解决了感知器无法处理非线性问题的限制，加快了人工神经网络的发展。

同年，迈克尔·欧文·乔丹（Michael I. Jordan）提出的乔丹网络，与杰弗里·L. 埃尔曼（Jeffrey L. Elman）在四年后提出的埃尔曼网络促进了循环神经网络模型的形成，其能够处理时间序列数据，并具有短期记忆能力。

1987 年，在美国加州圣地亚哥召开了第一届人工神经网络国际会议，标志着人工神经网络作为一个新学科的正式诞生，这不仅是人工神经网络学科发展的一座重要里程碑，也为后来的人工智能技术革命奠定了基础。

1998 年，杨立昆（Yann LeCun）在论文《基于梯度的学习在文档识别中的应用》（Gradient-Based Learning Applied to Document Recognition）中提出了 LeNet-5，这是一个应用于文档识别的卷积神经网络（Convolutional Neural Network，CNN）模型，标志着人工神经网络在实际应用中的初步成功。CNN 具有处理空间层次结构数据的强大能力，为计算机视觉和图像分析任务提供了有效的解决方案。

2006 年，杰弗里·辛顿和他的研究小组提出深度信念网络（Deep Belief Networks，DBN），旨在通过无监督学习有效地训练多层神经网络，开创了"深度神经网络"和"深度学习"的技术历史，并引爆了一场现代技术革命。

人工神经网络是受人脑结构和功能启发而构建的计算模型，从应用方面说明了"结构决定功能"对于人工智能而言在一定程度上是成立的，相较于符号主义"学多少用多少"，人工神经网络具有的自适应、学习和泛化能力都更显"智能"。随着相关研究的深入和成果的不断产出，人工神经网络已经成为现代人工智能领域的核心组成部分。

四、行为主义的出现（20世纪90年代）

20世纪90年代初，罗德尼·布鲁克斯（Rodney Brooks）提出一种根据低层次感知信号去得到高层次决策的人工智能范式，复兴了20世纪60年代的控制论思想。他基于"感知—动作"的反馈模式模拟昆虫行为的控制系统，设计了各种智能机器人，促进了行为主义在人工智能领域的兴起。

行为主义人工智能的核心理念是智能源于个体对外部环境的感知，它只是在行为方面反映了人或动物的智能特征。因此，行为主义人工智能的特征更多是本能性的、初级的，并不反映智能的内在本质和认知、决策、规划等高级智能。而人类的很多重要行动，甚至包括一些动物的行动，都是经过大脑精心规划和设计的，因此导致语言理解、自主学习、主动决策等高级智能并不能通过行为主义实现。不过，这种无需精确模拟人类的认知过程，只通过简单规则的组合和反馈机制来实现的智能行为，仍对智能体的设计领域产生了深远的影响。

五、初始智能阶段发展特点

人工智能的目标是创造出可以与人类智能相媲美的机器，这也意味着人工智能应具有能自主学习、泛化能力强、可跨行业应用等特点。以往18世纪60年代的工业革命、19世纪末的电力革命、20世纪中期的信息化革命，都是由于某一技术的出现在特定领域发生的一次性变革，而人工智能的技术革命涉及各行各业，具有多学科交叉的特点。人工智能的快速迭代更新，以及对数据的依赖，也是其区别于以往技术革命的显著特征。

初始智能阶段主要是对人工智能本质的探讨，是各种人工智能研究学派、人工智能算法的形成期，也是人工智能相关研究在经历失败后，又不断寻求出路的探索期。相较于其他技术革命，初始智能阶段实用性成果产出少，技术限制较大，对社会生产力的推动小，并未引起社会结构变革；但随着其他各领域的技术提升，人工智能发挥出的作用越来越大，已经成为人类社会发展的重要研究方向。

第二节　专用人工智能（NAI）阶段（2010—2022年）

专用人工智能（Narrow AI，NAI），也称为"弱人工智能"，是指专门针对某一特定任务或一系列紧密相关的任务而设计的人工智能系统。这些系统在它们设计的领域内可以表现出与人类相当甚至超过人类的能力，但在其他领域则不具备智能。对于人工智能发展而言，专用人工智能阶段是一个大突破时期，得益于计算机处理能力的提升，许多基于算法理论的人工智能技术得以实现，出现了许多具有历史性意义的人工智能成果。

这些成果主要是让智能体模拟人类的某一行为，以达到会听（语音识别、情感识别等）、会说（语音合成、人机对话等）、会看（图像识别、文字识别等）、会读（自然语言处理、机器翻译等）、会学习（机器学习、知识表示等）、会思考（人机对弈、定理证明等）、会行动（机器人、自动驾驶汽车等）。下面主要介绍一些具有代表性的成果。

一、深度学习

机器学习是指让计算机从数据中"学习"规律或模式，并利用这些学到的知识来做出预测或决策，这意味着机器学习的实现需要解决"学什么""怎么学""对不对"三个问题。深度学习（Deep Learning）是机器学习的一个子领域，它通过构建多层神经网络来学习数据的高层次抽象特征，从而能够高效准确地解决智能体"如何学"的问题。

人工神经网络由大量的节点（或称为"神经元"）组成，这些节点相互连接形成一个网络。每个连接都有一个权重值，这个权重决定了输入数据对输出数据的影响度。多个节点接收的输入数据加权求和，通过传递函数进行计算，得到节点的数据输入，便形成了一次数据传输。引入"偏置"，决定是否激活节点进行传递，"这样难以计数的输入输出，保证了信息在人工神经网络当中的递送，也确保了人工智能体的正常运转"①。根据功能的不同，将节点之间

---

① Marvin Minsky, *Artificial Intelligence*，Cambridge，MA：MIT Press，1986，p. 142.

的连接进行分层，可分为输入层、隐藏层和输出层，输入层负责接收输入数据、隐藏层进行数据处理，最终在输出层产生结果。

深度学习主要依赖于人工神经网络模型。模型训练，就是运用数据和算法，得出最符合预期结果的权重和偏置。

深度学习与浅层学习的区别一般有两点：一是隐藏层要求较多，其层数一般在三层以上，通过深层化浅层人工神经网络模型以及逐层处理，对数据信息的处理更加深入；二是注重特征，隐藏层的增多，能加强物体特征提取，通过逐层特征变换，得到复杂、高层次抽象特征，使分类或预测更加容易。[①]

深度学习的泛化能力强，对每一任务都能采用对人工网络模型输入训练数据，得到预期结果的形式，避免了对多个任务制定多个规则的缺陷。通过足够的训练，深度学习系统能够在数据中发现细微的或者抽象的特征。这些优点保证了其在人工智能领域的统治地位。[②] 从智能手机的人脸识别到医学图像预测疾病，深度学习技术被越来越多地应用到了实际任务中。2016 年，谷歌（Google）公司旗下的人工智能公司 DeepMind 研发的机器人 AlphaGo 战胜了世界围棋冠军李世石，也充分展现了深度学习技术在处理复杂任务中的强大能力。随着硬件条件的进步和算法的不断优化，深度学习应用场景更加广泛，也是智能体向类人智能发展的关键过程。

二、图像识别与计算机视觉

研究表明，人类接受外界信息的 80％以上来自视觉，10％左右来自听觉，其余来自嗅觉、味觉及触觉。因此，要使智能体更智能，视觉是不可缺少的一部分。人类的视觉始于视网膜，视网膜上的光感受器（视杆细胞和视锥细胞）将光信号转化为电信号。计算机视觉中的摄像头和图像传感器起到了类似的作用，将光线转化为数字图像。

那么，人工智能如何识别看到的图像呢？

最初，图像识别基于模板匹配模型，只有当看到的图像与模板完全匹配时，人工智能才能识别物体，这种方式不具备可迁移性。2012 年之后，得益于 CNN 的进化，算法效率大幅优化，深度学习模型成功应用于一般图像的识

---

① 韦康博：《人工智能：比你想象的更具颠覆性的智能革命》，北京：现代出版社 2016 年版，第46 页。

② 李铮等主编：《人工智能导论》，北京：人民邮电出版社 2021 年版，第 33 页。

别理解，不仅提升了图像识别的准确性，也避免了抽取人工特征的时间消耗。深度学习算法已经成为图像识别的主要应用算法。

对比人脑对图像的处理，CNN 在计算机视觉中的主要识别过程如下：位于人类大脑枕叶区域的初级视觉皮层（V1 区），负责处理基本的视觉特征，如边缘、线条、方向和运动；在计算机视觉中，CNN 的早期层模拟了这一过程，通过卷积操作提取图像的基本特征，如边缘和纹理。人类的高级视觉皮层（如 V2、V3、V4 等区域）负现进一步处理更复杂的视觉特征，如形状、颜色、纹理和物体类别；在计算机视觉中，CNN 的深层网络模拟了这一过程，通过多层卷积和池化操作逐步提取更高层次的特征。人类的大脑能够将提取的视觉特征组合起来，识别和分类物体；在计算机视觉中，这一步通常由全连接层或分类器完成，该层次将高层特征映射到具体的类别标签。人类的视觉系统能够通过经验学习和记忆积累，不断改进对视觉信息的处理；在计算机视觉中，深度学习模型通过大量数据的训练，不断优化参数，提高识别和分类的性能。①

图像识别与计算机视觉通过模拟人类视觉系统的各个层次，从基本的光感受器到复杂的物体识别和场景理解，实现了对图像及视频的高效处理。现今，广泛应用的图像识别与计算机视觉技术之一便是人脸识别技术。通过提取人类面部关键特征进行建模，让面部特征成为便捷、安全的"钥匙"，让安防更加简单。此外，在人类视觉不能、不方便或不情愿从事的任务中，图像识别与计算机视觉都能发挥重要作用，如自动驾驶、医疗影像分析、机器人导航等。图像识别与计算机视觉使得智能体更加拟人，也在切实地改变着人类的生活。

三、自然语言处理

机器翻译是利用计算机，将一种自然语言转换为另一种自然语言的过程，其最早可追溯到 20 世纪 50 年代美苏"冷战"时期——为了窥探苏联科技的最新发展，美国希望能够利用计算机将俄语材料译为英文，但由于计算机处理能力的限制以及自然语言的复杂性，这一期望并未实现。在接下来的几十年间，随着技术的提升，机器翻译也在稳步发展。2014 年，得益于深度学习的兴起，神经网络机器翻译（Neural Machine Translation，NMT）受到关注，这种模型能够更好地捕捉语言之间的复杂关系，提供更加流畅自然的翻译结果。2016

---

① 刘肖鹏：《基于人工智能算法的图像识别技术》，《信息与电脑（理论版）》2022 年第 6 期。

年，基于 NMT 模型，谷歌推出了一种全新的翻译系统，显著提升了翻译质量和效率。如今，机器翻译越来越成熟，在旅游、经贸、国际交往等领域发挥着重要作用。

机器翻译是自然语言处理（Natural Language Processing，NLP）的一个典型应用场景，也是自然语言处理方面最早的研究。自然语言处理是一门涉及计算机科学、人工智能和语言学等多个学科交叉领域的科学，主要研究如何让计算机理解、解释和生成人类自然语言的方法和技术。根据美国认知心理学家奥尔森（Olson）对语言理解的判别标准，自然语言处理技术的研究需要完成以下四个方面的任务（见表 2−1）[①]：

表 2−1 自然语言处理的四个任务

任务	说明	要求	举例
回答问题	系统能正确地回答用自然语言输入的有关问题	识别关键信息，并在知识库或文档集合中寻找答案	系统根据通常的用餐时间可能会回答"还没有，你呢"或"我已经吃过了，谢谢关心"
文摘生成	系统能产生输入文本的摘要	从大量文本数据中提取最关键数据并简洁表示出来	对于"你吃饭了吗"这样的简单问候，生成文摘的意义不大，但如果是一段较长的对话，涉及饮食、天气和个人计划等多个话题，系统可以从中抽取与饮食相关的信息，如"讨论了今天的午餐选择"
释义	系统能用不同的词语和句型来复述输入的自然语言信息	通过不同的词汇或结构对原问题重述	原句释义为"你今天有进餐吗"或者更加口语化的"你吃过饭没"
翻译	系统能把一种语言翻译成另外一种语言	不仅包括词对词的转换，还需要考虑到目标语言的文化背景和习惯表达	"你吃饭了吗"翻译成英文"have you eaten yet"，但更常见说法是"did you have lunch/dinner yet"

除翻译功能外，自然语言处理技术还能应用于文本生成、智能语音助手以及个性化推荐等领域。自然语言处理技术的运行步骤一般包括词法分析、句法分析、语义分析、语用分析和语境分析等。如图 2−1 为自然语言处理的流程图，图 2−2 中以"你吃饭了吗"为例说明处理过程。

---

① 史忠植编著：《人工智能》，北京：机械工业出版社 2016 年版，第 211 页。

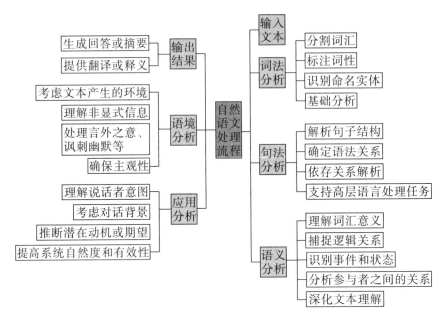

图 2—1　自然语言处理流程

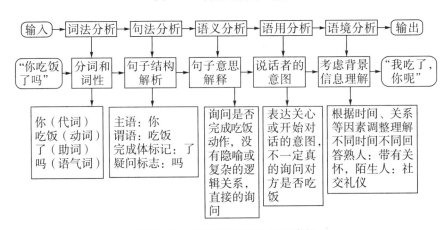

图 2—2　"你吃饭了吗"处理流程

词法分析和句法分析是自然语言处理流程中最基础且至关重要的步骤，为后续的高级分析提供了必要的结构基础，但为了实现全面深入的自然语言理解，所有步骤都是相辅相成、缺一不可的。

使用自然语言，是人类区别于其他动物的根本标志，只有能处理自然语言的智能体才能体现出人工智能的基本能力。因此，通过自然语言处理，让智能体理解语言的基本结构和意义，以及情感、记忆、学习和社会文化背景等，是智能体具备类人智能的关键一步。

四、专用人工智能阶段的技术局限性

专用人工智能阶段的发展成果主要体现在让智能体"向人看齐",即通过模拟人类的工作流程或思维模式,使智能体能够在特定领域内胜任相关任务,实现类人智能。[①] 在这一阶段出现了很多进步性的成果,也为人工智能的发展提供了思路与方向。但由于计算能力的限制、对人脑工作流程的认识不清晰、人类思维的复杂性,这些单一领域的"模仿"会带来一些缺陷。

这些缺陷很大程度上表现为专用人工智能通用性较低,这是对某一领域的"模仿"所带来的缺陷。与人类广泛、通用的思维能力相比,专用智能无法在不同的问题、领域之间进行知识的迁移和应用。因此,专用人工智能在面对新任务时,需要重新构建并训练新的专用模型,这增加了技术研发、推广的成本及难度。[②] 由 IBM 公司于 2016 年开发的"IBM Watson for Oncology"是一款专门用于癌症治疗的智能系统,应用了自然语言处理和深度学习技术,但其只能用于癌症领域,在治疗其他疾病方面作用甚微,主要原因便在于将癌症和其他疾病的数据混合训练,会降低模型的准确性和专业性。

此外,实现"模仿"的过程也会有一些缺陷,最主要的缺陷便是对数据依赖性强。专用人工智能阶段成果主要是通过对数据进行训练得到一个能够胜任任务的模型,这意味着模型对数据的强依赖。例如,在线广告系统需要大量的用户行为数据来生成个性化的广告推荐,如果没有足够的数据,推荐的准确性会大幅下降。同时,收集数据的过程也会让用户担心隐私泄露。

除了上述缺陷外,专用人工智能阶段的技术局限性还包括模型训练资源消耗大、解释性和透明度不足以及鲁棒性不够强等问题。不过,可以预见的是,随着各学科的发展,当这些缺陷被克服后,局限于某一领域的智能被"人工大脑"整合在一起,一种能在多个领域内灵活应用知识,并且能够进行抽象思考、学习新技能和自我改进的通用智能将会诞生,它将深刻推进人类技术的变革。

---

① 唐怀坤:《与实体经济深度融合的专用人工智能阶段技术体系研究》,《通信与信息技术》2019年第 2 期。

② 齐志远等:《生产工具演变与劳动分工体系变革——从机器、专用人工智能到通用人工智能雏形 ChatGPT》,《自然辩证法通讯》2024 年第 2 期。

第三节　通用人工智能（AGI）阶段（2023年至今）

一、ChatGPT 的出现与通用人工智能时代的到来

首先来看"ChatGPT"这个名称的寓意。前缀"Chat"，说明这是一款专注于聊天的人工智能软件；"GPT"是一个简称，全称为"Generative Pre-trained Transformer"（生成式预训练转换器），是 ChatGPT 所使用的语言模型，其中心语"转换器"（Transformer）指一种具有良好的并行计算能力的多层神经网络，可以处理序列数据（如文本、语音、图像等），是人工神经网络语言模型的基础组件，也是 GPT 的关键架构。

探讨 ChatGPT 的起源，我们不可避免地要提到其背后的开发团队——OpenAI。OpenAI 最初是一个非营利研究机构，致力于推进人工智能技术的进步，并确保这项技术能够安全地惠及全人类。随着对人工智能商业潜力认识的加深，OpenAI 决定将其业务范围扩展到商业领域。2019 年，该组织接受了美国微软公司的投资，转型为一个营利性企业，并开始向私人投资者开放，从而获得了支持其长期发展的雄厚资金。在重组之后，公司专注于商业化人工智能技术的开发与推广，旨在加速增长并抓住更多商业机遇。尽管如此，它依然保留了一定的非营利性质。此后，得益于稳定的资金支持，OpenAI 得以全力推进 GPT 模型的研发工作。

（一）GPT-1

在 2017 年，谷歌推出了具有显著性能优势的转换器模型，这一创新架构很快引起了 OpenAI 团队的关注。随后，OpenAI 将他们的研究重心转向了转换器架构，并于 2018 年推出了 GPT-1 模型。GPT-1 基于生成式预训练转换器架构，采用了仅包含解码器的转换器模型，专注于预测下一个词元。尽管 GPT-1 的参数规模相对较小，但它结合了无监督预训练和有监督微调的方法，以此来提升模型在各种任务上的通用求解能力。

（二）GPT-2

GPT-2 是由 OpenAI 在 2019 年 2 月推出的开源人工智能模型，它具备翻译文本、回答问题、总结段落以及生成文本的能力。尽管其生成的内容有时能与人类创作相媲美，但在处理长篇文本时，可能会出现重复输出，结果有大概率缺乏意义。

GPT-2 继承了其前身 GPT-1 的架构，并将模型参数扩展至 15 亿，采用庞大的网页数据集 WebText 进行预训练。相较于 GPT-1，GPT-2 的创新点在于它尝试通过扩大模型参数规模来增强性能，并且摒弃了针对特定任务的微调步骤。它致力于探索如何利用无监督预训练的语言模型来应对多种下游任务，而无须依赖显式的标注数据进行微调。

GPT-2 的研究核心集中在多任务学习上，其目标是通过一种通用的概率模型来描述各种任务的输出预测。该模型将输入、输出以及任务信息均以自然语言的形式进行表达。由此，后续的任务求解过程可被视作文本生成问题。

（三）GPT-3

OpenAI 于 2020 年推出了具有划时代意义的 GPT-3 模型，其模型参数规模激增至 1750 亿，相较于前代 GPT-2，参数数量提升了逾百倍，这是对模型扩展极限的一次大胆尝试。在 GPT-3 的训练过程开始之前，OpenAI 已经进行了深入的实验探索，涵盖了对小规模版本模型的测试、数据的收集与清洗，以及并行训练技术的运用等关键步骤，这些准备工作为 GPT-3 的成功奠定了坚实的基础。

GPT-3 首次引入了"上下文学习"的概念，它使得大型语言模型能够通过少量样本学习来应对各种任务，从而免去了对新任务进行微调的必要。这种学习方法不仅简化了 GPT-3 的训练和应用流程，还使这种流程能够通过语言的方式进行阐述：在预训练阶段，模型在特定上下文环境中预测接下来的文本序列；而在应用阶段，模型则依据任务描述和示例数据来推导出正确的解决方案。GPT-3 在自然语言处理领域表现出色，对于那些需要复杂推理或特定领域适应性的任务，它同样展现了卓越的解决能力。

GPT-3 的成就验证了扩展人工神经网络至超大规模能够显著增强模型的性能，并确立了基于提示学习方法的技术路径，为大型语言模型的未来发展开辟了新的视野，提供了更加有效的策略。

（四）InstructGPT

自 2017 年起，OpenAI 便开始了对人类偏好对齐的研究工作，利用强化学习算法从人类标注的偏好数据中学习，以提升模型的性能。2017 年，OpenAI 提出了近端策略优化算法（Proximal Policy Optimization，PPO），这一算法后来成为人类对齐技术的基础。2022 年，OpenAI 发布了 InstructGPT，正式确立了基于人类反馈的强化学习算法（Reinforcement Learning from Human Feedback，RLHF），其目的是为了提高 GPT-3 模型与人类意图的一致性，增强其遵循指令的能力，并减少有害内容的产生，这对于语言模型的安全部署至关重要。

（五）ChatGPT

在 2022 年 11 月，OpenAI 推出了基于 GPT 架构的人工智能对话应用服务——ChatGPT。该服务继承了 InstructGPT 的训练方法，并对对话性能进行了特别优化。通过融合人类创造的对话数据进行训练，ChatGPT 显示出其对广泛世界知识的掌握、解决复杂问题的能力、在多轮对话中追踪和建模上下文的能力以及与人类价值观的一致性。此外，ChatGPT 支持插件扩展，这进一步增强了其功能，使其超越了以往所有的人机对话系统，引起了社会的广泛关注。

（六）GPT-4

继 ChatGPT 之后，OpenAI 在 2023 年 3 月推出了 GPT-4，标志着 GPT 系列模型的重大进步。GPT-4 首次将输入模态从单一的文本扩展至图文双模态，大幅提升了处理复杂任务的能力。在面向人类的考试中，GPT-4 表现卓越，取得了优异的成绩。

（七）GPT-4o

2024 年 5 月 14 日，OpenAI 在春季发布会上发布了新型旗舰模型"GPT-4o"。GPT-4o 是一个多模态大模型，支持文本、音频和图像的任意组合输入，并能生成文本、音频和图像的任意组合输出。与现有模型相比，它在视觉和音频理解方面尤其出色。

GPT-4o 能够在音频、视觉和文本领域实时进行推理分析。它能够接受文本、音频和图像的任意组合作为输入，并能够输出文本、音频和图像的任意组合。GPT-4o 在处理音频输入时，最短反应时间为 232 毫秒，平均反应时间为 320 毫秒，这一速度与人类在对话中的反应时间相当。此外，GPT-4o 还能够根据不同的交流场合调整其语调，从夸张戏剧化到冷静机械式，以适应各种沟通环境。值得一提的是，GPT-4o 还拥有唱歌的功能，这无疑为它增添了更多的趣味性。

在 ChatGPT 爆火的同时，我国的通用人工智能工具也一路高歌猛进。

首先便是"现象级"的国产人工智能大模型——DeepSeek，其以"算法强蒸馏"的模式开启了中国在通用人工智能领域的原始创新之路。DeepSeek 是由 2023 年 7 月成立的杭州深度求索人工智能基础技术研究有限公司开发的人工智能大模型，该公司专注于研发先进的大语言模型和相关技术，于 2024 年发布首个大模型，更于 2025 年上线并开源多个模型，应用范围广泛。DeepSeek 具备智能问答、文本生成等功能，具有低成本、高效率、推理能力强、响应速度快等优势，支持本地部署，注重数据隐私和安全，通过广泛开源推动了人工智能技术在模型参数及数据载量接近人类极限情况下新的发展应用。

文心一言（ERNIE Bot）是百度公司推出的最新一代知识增强型大型语言模型，作为文心大模型家族的新兴成员，它能够与用户进行对话互动，解答疑问，并协助创作，从而高效便捷地帮助人们获取所需的信息、知识和灵感。作为一款知识增强型的大语言模型，文心一言依托于"飞桨深度学习平台"和文心知识增强大模型，不断从庞大的数据集和广泛的知识库中汲取知识，融合学习，具备了知识增强、检索增强和对话增强的技术特点。百度文心一言旨在成为一个基础性的人工智能赋能平台，预计将推动金融、能源、媒体、政务等多个行业的智能化转型，最终实现"革新生产力工具"的目标。文心一言具备五大核心能力：文学创作、商业文案创作、数理逻辑推算、中文理解以及多模态内容生成。

通义千问是由阿里云推出的超大规模语言模型，具备多轮对话、文案创作、逻辑推理、多模态理解以及多语言支持等多项功能。在 2023 年 4 月 11 日的阿里云峰会上，通义千问正式亮相。它能够与人类进行深入的多轮交互，整合了多模态的知识理解能力，并拥有强大的文案创作技巧，能够续写小说、撰写电子邮件等。

讯飞星火认知大模型是科大讯飞于 2023 年 5 月 6 日发布的产品。讯飞星火认知大模型具有七大核心能力：文本生成、语言理解、知识问答、逻辑推理、数学能力、代码能力以及多模态能力。

二、ChatGPT 的技术原理

ChatGPT 结合了人工智能各个领域的众多新技术，例如监督学习与无监督学习、自回归模型、嵌入等，下面将着重介绍语境学习、近端策略优化、人类反馈强化学习和转换器这四个在其发展中起到了关键作用的技术。

GPT-3 首次提出了语境学习（In-Context Learning，ICL）概念，其原理是通过提示（prompt）提供若干个由自然语言撰写的范例或指令来引导模型的生成过程，允许模型在给定的上下文中进行学习和推理，而无需真正更新模型参数，抛弃了传统微调所需的模型训练，降低了计算模型适配新任务的计算成本。

近端策略优化是一种强化学习算法，它在 ChatGPT 的训练过程中被用来优化模型的行为策略。PPO 通过限制策略更新的幅度，确保模型在每次迭代中不会发生过于剧烈的变化，从而保障了训练过程的稳定性和训练结果的收敛性。这种方法在处理连续或离散的行动空间时表现出色，对于生成式语言模型而言，它能够确保生成的文本在维持连贯性的同时，逐步向最优生成策略靠拢。

ChatGPT 基于 GPT-3.5 创造，它引入了一种新的方法，将人类反馈纳入训练过程中，进行根据人类反馈强化学习，使模型的输出与用户的意图更好地结合。通常强化学习的数学框架包括状态空间、操作空间、奖励函数、约束条件、策略，RLHF 算法的目标是优化策略以产生最大奖励。在深度强化学习中，策略以人工神经网络的形式表示。在训练过程中，人工神经网络会根据奖励函数不断更新。人工智能能够从经验中学习，就像人类一样。但在一些复杂任务上，由于很难明确定义什么是"成功"，构建有效的奖励函数就成了难题。RLHF 的主要优势是它能够使用积极的人类反馈代替形式化定义的目标，从而捕捉细微差别和主观性。利用 RLHF 训练大语言模型通常发生在如下四个阶段：1. 预训练模型。利用 RLHF 来增强先前就有的 GPT 模型。2. 监督微调。人类专家创建带标签的示例，演示对于不同的用例该如何对提示作出响应。3. 奖励模型训练。设计有效的奖励模型将人类偏好转化为数字奖励信号，奖励模型必须接收一段文本序列并输出标量奖励值，该值以数值方式预测人类用户对该文本会给予多少奖励。起初人们认为应直接让人类评估者以评分来表达他们对每个模型响应的看法，但由于评估者的价值观不同导致这些分数难以校准并且充满噪音。后来通过排名可以比较多个模型的输出并构建更好的规范数据集。4. 策略优化。大多数机器学习和人工神经网络模型架构使用梯度下降来使损失函数最小化，而强化学习算法往往使用梯度上升来使奖励最大化。然而，如果在没有任何约束的情况下使用奖励函数来训练大语言模型，则人工语言模型可能会为了迎合奖励机制而大幅调整其权重，甚至输出毫无意义的胡言乱语。利用 PPO 限制每次训练迭代中可以在多大限度上更新策略，从而提供了一种更稳定的更新策略的方法。

ChatGPT 这个庞大的人工神经网络最显著的特点是一个被称为"转换器"的深度学习神经网络架构。转换器深度学习模型架构在 2017 年由阿希什·瓦斯瓦尼（Ashish Vaswani）等人首次提出，它加入了自注意力机制（self-attention mechanism），允许模型根据输入序列中的不同部分来赋予不同的注意权重，从而更好地捕捉语义关系。当一段文本被输入到 ChatGPT 中后，ChatGPT 首先会获取与当前文本相对应的标记序列，输入一个包含 n 个标记的向量。每个标记都通过一个单层神经网络被转换为一个嵌入向量。并与每个标记的位置序列所形成的嵌入向量相加，产生新的嵌入向量序列，然后，ChatGPT 中相关部门的算力会使用一定的权重重新加权嵌入向量序列，与不同标记相关联，以达到更多地"关注"序列的某些部分而非其他部分的目的。最后，ChatGPT 对最终集合中的最后一个嵌入数据进行解码，以生成应该出现的下一个标记的概率列表。[①]

三、ChatGPT 的特征与缺陷

任何人工神经网络的训练算法都旨在将权重值调整至最优，以确保网络预测效果达到最佳。单层神经网络仅适用于简单的线性分类任务，而双层神经网络能够无限逼近任意连续函数。从双层神经网络开始，训练神经网络时会采用机器学习相关技术。例如，使用大量数据（大约 1000—10000 条）并通过算法优化，从而在模型训练中实现系统性能和数据利用的双重优势。人工智能模型的逻辑推理和输出能力建立在海量数据支持的计算机学习之上，实现虚拟生成。GPT 系列模型的训练参数量也反映了这一点，从 GPT-1 的 1.17 亿增加到 GPT-2 的 15 亿，再到 GPT-3 的 1750 亿，参数量实现了从亿级到千亿级的飞跃。尽管 ChatGPT 的训练策略与 GPT 系列工具的"半监督学习"或"无

---

① 王骥主编：《ChatGPT、AutoGPT 与 10 亿岗位冲击：GPT-4、GPT-5 等迭代和 AIGC、AGI 生存》，北京：华文出版社 2023 年版，第 49 页。

监督学习"有所不同，更侧重于参数的标注和强化学习，但在零样本学习（Zero-Shot Learning，ZSL）成熟之前，人工智能通过大量数据实现模型训练和技术架构迭代的发展路径仍然稳固。

对于 ChatGPT 而言，其神经网络由大约 400 个层次、数百万个神经元以及 1750 亿个连接组成，相应地拥有约 1750 亿个权重。这一庞大的权重数量是 ChatGPT 在语言处理方面取得显著成就的关键所在。然而，不可否认的是，人类语言实际上比我们所想象的要简单得多。即便是 ChatGPT 这样一个结构相对简单的神经网络，也能够有效地捕捉到人类语言的"精髓"以及潜藏的思维模式，并在训练过程中"隐性地揭示"出语言的内在规律。

另外，即使 ChatGPT 看起来如此强大，但它仍存在一些缺陷。它所产生的内容始终是"在统计学上合理的"，这意味着它自信给出的"事实"并不一定是事实。在许多方面，ChatGPT 从未真正理解事物，单靠人工神经网络完成的泛化会导致许多计算知识的错误。由于 ChatGPT 使用了大规模的预训练模型，因此需要大量的数据和计算资源进行训练调优。GPT 存在对上下文理解的局限性，特别是在处理长文本时，仍可能出现信息遗忘或信息重复的问题。预训练模型对训练数据的质量要求高，模型可能受到训练数据中的偏差和算法歧视性影响，导致生成的文本也带有这些问题。

同时，与 OpenAI 的另一条知名多模态领域研究线，即人工智能图像生成器 DALL-E2 不同，GPT 系列始终贯彻了以语言模型为任务核心的宗旨。从 GPT-2 时期开始，其所适用的任务就锁定在语言模型方面。因此，ChatGPT 所使用的模态类型也仅局限于文字语言，并未涉及视觉、听觉等模态类型。

此外，关于 ChatGPT 是否属于通用人工智能的范畴，还存在争议。相关争议在于：1. 大型语言模型在处理任务方面的能力是有限的，它仅限于处理文本领域的任务，无法与物理世界的环境进行互动。这表明，像 ChatGPT 这样的模型无法真正"理解"语言的社会含义，因为它们缺乏体验物理空间的实体。2. 大语言模型同样不具备自主能力，它们需要人类明确地定义每一个任务。3. 尽管 ChatGPT 已经在包含人类价值观的文本数据语料库上进行了大规模训练，但它并不具备真正理解人类价值观的能力。

最后，计算不可约性（Computational irreducibility）也是限制 ChatGPT "通用"的关键因素。这是由史蒂芬·沃尔弗拉姆（Stephen Wolfram）提出的一个概念，主要指一个问题或算法不能通过其他更简单或更有效的方法来解决或计算的特性。换句话说，不可约性表示一个问题或算法已经达到极限，无法进一步简化或优化。过去人们可能认为，在 ChatGPT 的基础之上继续努力，训练出越来越强大的神经网络，它们最终将无所不能。然而"计算不可约性"告诉我们，一些过程、一些任务没有捷径可走，或许我们可以通过一些例子得到某一类事情的泛化，但是不经过精密的计算，便无法避免意外的发生。也就是说，我们无法训练出一个足够复杂的系统以实现"无所不能"。[①]

四、ChatGPT 所带来的应用范式变革

虽然仍存在一些缺陷与不足，ChatGPT 的问世众多领域中确实显著提升了人们活动的便捷性。

在内容创作方面，ChatGPT 的卓越性能促进了新闻写作、创意写作、广告文案等领域的自动化和智能化。它能够自动生成新闻报道，特别是在财经、体育等数据密集型领域，能迅速产出准确、及时的新闻内容。无论是撰写文章、创作故事还是生成营销文案，ChatGPT 都能提供灵感和支持，极大地提高了内容创作的效率。

在人机交互方面，ChatGPT 通过自然语言处理技术，使得机器能够更好地理解人类的语言，从而实现更加流畅自然的人机对话。基于语言理解能力的多轮对话，显著增强了虚拟助手、客服系统的用户体验，使这些系统能够 24 小时不间断地响应客户咨询，处理常见问题，减轻人工客服的工作负担，同时提升服务质量及客户满意度。

在教育与培训方面，ChatGPT 可以根据学生的学习进度和兴趣定制个性化的教学计划，提供智能辅导和反馈，即时解答疑问，帮助学生解决学习难题，推动了教育领域的个性化学习，有助于提高学习效果，促进教育公平。

在科学研究方面，ChatGPT 能够协助科学家构建假设、整理文献、撰写论文，并能自动生成文献摘要，帮助研究人员快速掌握最新研究动态，从而提升了科研工作的效率和质量。此外，ChatGPT 在数据分析处理方面也展现出强大的能力。它能够应对大量的实验数据，辅助科学家发现数据中的关联模式，甚至在某些情况下，能够提出新的研究方向和假设。例如。在药物研发领域，ChatGPT 可以加速化合物筛选过程，通过模拟与预测化合物的生物活性，帮助研究人员更快地找到潜在的药物候选物。而在天文学和物理学研究中，ChatGPT 的计算能力可以用于模拟宇宙事件，为理解宇宙的起源和演化提供

---

① 斯蒂芬·沃尔弗兰姆：《这就是 ChatGPT》，WOLFRAM 传媒汉化小组译，北京：中国人民邮电出版社 2023 年版，第 99 页。

新的视角。随着技术的不断进步，ChatGPT 将成为人类探索未知世界的有力工具。

在医疗健康方面，ChatGPT 通过分析病历，结合最新的医疗研究，可以协助医生发现潜在的疾病演变模式和治疗方案，为患者提供更为精准的医疗建议。此外，它还能帮助患者更好地理解自己的病情和治疗过程，通过智能问答系统解答患者的疑问，减轻患者的心理负担。在公共卫生管理方面，ChatGPT 能够实时监控疾病流行趋势，预测疫情发展，为公共卫生决策提供数据支持，从而有效预防和控制疾病的传播。

在商业发展方面，越来越多的企业开始探索基于人工智能的新商业模式。例如，利用人工智能技术优化现有业务流程，提高运营效率，或是利用 ChatGPT 进行市场趋势分析和消费者行为预测，从而更好地定位产品和服务，满足市场需求。ChatGPT 在供应链管理中也发挥着重要作用，通过智能预测和优化库存管理，减少浪费，降低成本。随着技术的不断进步，ChatGPT 在商业领域的应用将更加广泛，推动企业实现智能化、自动化转型。[1]

总而言之，ChatGPT 所带来的应用范式变革是巨大的，它是一个革命性的自然语言处理系统，推动了一系列应用创新，甚至有可能彻底改变人类与机器的沟通互动方式。

第四节　展望未来，智能涌现阶段

机器学习是一种强大的方法，特别是在过去十年中，它取得了非凡的成功——ChatGPT、图像识别、语音转文字、语言翻译等，在每个案例中，都会跨越一个门槛——通常是突然之间，一些任务从"基本不可能"变成了"基本可行"。

以 ChatGPT 为例，目前已经提出将 ChatGPT 连接到 Wolfram Alpha 搜索引擎，以利用其全部的计算知识来解决 ChatGPT 精度的问题，二者可以通过自然语言进行沟通。可以预计，未来 ChatGPT 的精度将进一步上升，甚至

---

　　[1]　刘通、陈梦曦：《AIGC 新纪元：洞察 ChatGPT 与智能产业革命》，北京：中国经济出版社 2023 年版，第 145 页。

可能实现用 ChatGPT 撰写混合了自然语言和计算语言的专业性文章。[①]

对于人工智能而言，未来的发展将是多元且迅猛的，可能在多个方面出现智能涌现。

在计算智能方面，高性能计算能力的提升可能带来量子计算领域和计算理论的突破。1. 量子计算机利用量子位（qubits）进行计算，理论上能够以指数级速度处理某些类型的问题，这对于需要大量计算资源的人工智能任务（如大模型训练、复杂优化问题）具有革命性意义。未来针对特定人工智能任务设计的硬件，如张量处理单元（TPU）、图形处理单元（GPU）、现场可编程门阵列（FPGA）等也可能继续优化，提供更高性能和更低能耗的计算能力。2. 未来可能基于新的数学理论或物理原理开发出更高效的算法，解决现有的计算难题。

在感知智能方面，多模态感知能力的增强可能促成多传感器融合技术以及感知与认知的融合。1. 结合视觉、听觉、触觉等多种传感器，可以实现更全面、更准确的环境感知。2. 结合感知技术和认知计算，实现从感知到理解再到决策的闭环系统。

在认知智能方面，自然语言处理的深化可能带来语义理解能力的提高和针对认知模型的改进。1. 模型将会拥有对自然语言的深层次理解能力，包括情感分析、意图识别等，从而构建更加自然、流畅的对话系统，实现人机之间的高效沟通。2. 或许会出现更加接近人类认知过程的模型，模拟人类的思考方式，赋予人工智能系统自我反思与自我调节的能力，使其能够评估自己的表现，从而更精准地进行优化。

在行为智能方面，自主决策与规划能使人工智能系统通过与环境的交互，不断优化决策策略，在复杂环境中做出最优选择，例如，面对多个目标时，系统能在其间进行权衡，实现综合最优的决策。

在群体智能方面，多智能体系统（MAS）的优化将使智能体在高效通信的同时实现自组织、自适应、群体学习与进化。1. 高效的通信协议和联结机制，使智能体之间能够快速、准确地交换信息。2. 智能体能够自发形成网络结构，无需中央控制，从而实现去中心化的管理协调。3. 多个智能体之间还能通过相互学习和知识共享，共同提高整体性能。通过遗传算法、进化策略等方法，使群体智能系统能够不断进化，适应新的任务和环境。通过知识传递机

---

① 沃尔弗兰姆·斯蒂芬：《这就是 ChatGPT》，WOLFRAM 传媒汉化小组译，北京：中国人民邮电出版社 2023 年版，第 162 页。

制，使新加入的智能体能够快速融入群体，提高整体效率。

在混合智能方面，人机协同将得到增强。更加自然、直观的人机交互界面，如脑机接口、语音识别、手势识别等，将提高人机交互的效率和舒适度。能够辅助人类进行复杂决策的系统亦将出现，如医疗诊断、金融投资、军事指挥等领域的决策支持系统。可穿戴设备和外骨骼技术，能够增强人类的体力和运动技能，例如在工业生产中的应用。

在情感智能方面，情感识别的准确性将大大提升。1. 人工智能结合面部表情、语音、文本等多种模态的数据，提高情感识别的准确性。不仅能够识别基本情绪，如喜怒哀乐，还能识别更细微的情感状态，如困惑、惊讶、轻蔑等，由此开发能够实时监测和分析情感状态的技术，实现实时响应。2. 开发出能够自然表达情感的虚拟角色和机器人，使它们在与人类互动时更加逼真亲切。通过情感反馈机制，使人工智能系统能够根据用户的情感状态调整其行为和回应。构建能够理解并产生情感共鸣的系统，提高人机互动的自然性与亲和力。3. 将情感智能技术用于医疗方面，可以监测患者的情绪状态，提供个性化的心理支持和治疗建议；用于教育方面，教师可以更好地了解学生的情感状态，提供更有效的教学辅导；用于客服系统，可以帮助客服人员更好地理解客户的需求，提高服务质量。

在类脑智能方面，神经形态计算或将实现。1. 开发出基于神经形态计算原理的新型芯片，模拟人脑神经元的工作方式，实现低功耗、高效率的计算。采用事件驱动的方式处理信息，减少不必要的计算，提高能效比。2. 开发出模拟人脑认知过程的架构，如记忆、学习、决策等模块，实现更高级别的认知功能。3. 利用类脑智能技术提高自动驾驶系统的决策能力和环境适应性，实现更安全、更智能的驾驶体验。

在人工智能伦理与法律方面，法律法规将会更加完善。1. 制定专门针对人工智能的法律法规，明确人工智能系统的权利和义务，保护用户权益。建立监管机构，对人工智能系统的开发和应用进行监督，确保其符合法律法规要求。明确人工智能系统在发生事故时的责任归属，保护受害者的合法权益。2. 制定和实施严格的数据保护法规，保护个人隐私和数据安全。遵循数据最小化原则，只收集必要的数据，减少数据泄露的风险。采用先进的加密技术，保护数据在传输和存储过程中的安全。3. 开发公平的算法，避免"算法偏见"，确保人工智能系统的决策公正。提高人工智能系统的透明度，使其决策过程可解释、可追溯，增强用户信任。建立算法审计机制，定期对人工智能系统的公平性和透明度进行评估改进。4. 明确人工智能系统在发生事故或侵权行为时的责任归属，确保受害者能够获得赔偿。建立人工智能保险机制，为潜在风险提供保险保障，建立追溯机制，确保人工智能系统的决策过程可以被追溯和审查。[①]

过去，人们常常认为科幻片中描绘的人工智能是遥不可及的。然而，自"人工智能元年"以来，一个又一个人工智能实体迅速进入公众视野，颠覆了人们的传统认知。这让我们有充分的理由相信，在可预见的未来，人工智能将经历迅猛的发展，并为人类带来巨大的机遇与挑战。

---

① 莫宏伟主编：《人工智能导论》，北京：高等教育出版社 2023 年版，第 195 页。

第三章　人工智能安全问题背景

本章将围绕人工智能技术的安全影响，分析其在"大安全"领域中的核心角色与多维度属性。随着人工智能的迅猛发展，相关安全问题已超越传统框架，渗透至更广泛的领域，并主要表现为三重维度：第一重维度，人工智能的安全属性具有双刃剑效应，既能通过自动化与智能化提升安全能力，也可能由于技术漏洞或滥用带来新的安全隐患。第二重维度，人工智能对安全的系统性重塑不可忽视。它推动了从信息获取、战略决策到实际执行的各个层面实现安全自动化与智能化，从而改变了传统安全问题的体系架构。第三重维度，人工智能对传统安全领域构成了巨大冲击。军事、国防等传统领域正在经历由人工智能驱动的全面变革，自动化武器、无人作战系统等技术的发展，极大提升了国家的防御和进攻能力，也引发了新的军备竞赛风险。而在非传统安全领域，人工智能对数据安全、经济安全和社会稳定等方面的影响同样不容忽视。网络攻击、智能监控及经济操控等问题，将直接威胁国家的主权和公民的自由。人工智能与安全问题之间形成了紧密而复杂的纽带，科技进步推动了安全战略的演变，同时也增加了特定主体之间对技术领先地位的竞争。因此，在人工智能背景下，国家必须从多角度审视和应对技术对安全形态的全方位挑战，确保国家主体在激烈的国际竞争中保持优势地位并有效应对潜在威胁。

第一节　人工智能的安全属性

人工智能的发明并非源于安全需求，但这项技术从诞生之日起，就天然具有安全属性。

一、人工智能在认知功能下的安全属性

人工智能的认知能力主要体现为信息的收集与处理。通过机器学习、自然语言处理和计算机视觉等技术，人工智能能够从大量数据中提取有用信息，识别其模式并生成有意义的洞见。人工智能目前最主流的方法是机器学习，即对海量数据进行全量训练，开展特征信息提取分析，依据算法程序建立相应数据集的模型，预测人类的认知任务。在训练过程中，计算机系统创建自己的统计模型，在以前没有遇到过的情况下完成指定的任务，这种认知能力在国家安全领域中极为重要。例如，人工智能可以用于识别潜在的威胁，检测异常行为，以及识别复杂的情报模式。目前，生成式人工智能技术发展突飞猛进，其技术的迭代速度之快，已存在威胁国家安全的可能。特别值得关注的是，在科学技术迅速发展的背景下，一些国家通过传播虚假信息、开展信息宣传等手段来影响舆论，并且进行特定认知的塑造，常常能够以较低的成本达到"兵不血刃"的信息战效果。人工智能在安全认知挑战中，扮演了双刃剑的角色，即从简单的信息干扰发展到利用技术手段操纵认知。例如，人工智能技术可以自动生成虚假信息、操纵社交媒体以影响认知，威胁大众对安全概念的基本认知；使用脑神经和人工智能等前沿技术的结合，甚至可能直接改变人类大脑的基本认知体系。这使得人工智能技术在对安全的认知体系建立方面存在多层次、高难度的挑战与机遇。

二、人工智能在预测功能下的安全属性

预测是人工智能的重要基本功能之一，通过分析历史数据和现有情报，人工智能可以预测未来可能发生的事件。这在安全领域尤其重要，特别是在预防恐怖主义、网络攻击等方面。例如，人工智能可以通过分析社交媒体数据、传感器数据等可获取的内容，预测潜在的攻击行为或不稳定因素，从而提前采取应对措施。

基于对多模态数据的智能分析能力，人工智能成为深度挖掘和分析海量安全相关数据的有力工具，能够为安全目标或安全任务提供有力、广泛的数据支持。最新一代发布的人工智能技术通过融合多种不同的信息类型，配置供开展预训练的高精度大数据模型，同步赋予强大的计算能力，不仅可以实时处理海量数据，而且能够快速预测结果。这种高效及时的信息处理方式极大地提升了

安全信息的等级，增强了安全管理的能力。此外，新一代人工智能技术通过整合语言、文字、图像和视频等多源数据，为安全预测提供了强有力的数据支持。通过使用大数据挖掘、机器学习、深度神经网络和自然语言处理等先进技术，人工智能可以对与安全相关的海量数据进行详细的自动分类、标注、归纳和建立预测模型，在大量数据中提取出具有重要价值的信息，帮助决策者更好地满足安全需求，最终实现科学方案的制定。

三、人工智能在决策功能下的安全属性

通过人工智能进行决策功能是其在安全领域中的另一个重要应用。基于预测的结果，人工智能可以生成不同的决策选项，并评估其可能的后果。人工智能决策支持系统能够帮助安全办事机构在面对复杂问题时，做出更为准确的判断。例如，人工智能可以在突发事件中迅速评估不同应对策略的优劣，从而辅助决策者做出最佳选择。人工智能还可以在监测和识别到具有安全风险的事件时做出决策，通过判断事件等级进行相应的智能决策，这能够显著增强安全管理的前瞻性与精确性。

通过部署先进的人工智能算法和机器学习模型，人工智能决策支持系统可以持续从互联网、社交媒体及其他数据源中收集信息，分析特定领域安全的整体态势，智能调控决策涉及安全舆论的发展方向。借助这种实时监控及决策的功能，人工智能可以迅速检测可能威胁安全的内容或行为。例如，它能够迅速识别极端主义宣传、虚假信息扩散以及针对特定群体的不当言论等，并及时向监管部门或相关机构发出预警和决策建议，从而使得应对举措更加快速、精确。据《中国新一代人工智能科技产业发展报告·2024》显示，目前我国人工智能企业数量已经超过 4000 家，2023 年我国人工智能核心产业规模达 5784 亿元，增速 13.9%，生成式人工智能的企业采用率已达 15%，市场规模约为 14.4 万亿元。[①] 总体来说，人工智能技术的迅速普及应用，使安全智能预警和决策应急响应成为可能，人工智能决策系统可以对各类信息完成迅速识别处理，并标记潜在的安全隐患，极大地提高了安全管理的主动性与针对性，为提升安全治理效能注入了强劲动力。

---

① 中国新一代人工智能发展战略研究院：《中国新一代人工智能科技产业发展报告·2024》，2024 年 6 月 20 日，中国新一代人工智能发展战略研究院，https://cingai.nankai.edu.cn/。

四、人工智能在集成解决方案中的安全属性

人工智能的集成解决方案能力体现在其能够将认知、预测、决策等功能结合起来，形成全面的应对机制。这种集成能力支持人工智能在多个领域的安全实践中发挥作用。例如，在网络安全领域，人工智能不仅可以识别威胁，还可以预测攻击路径，并生成应对措施，提供相对全面有效的解决方案。

当然，在此过程中必须进一步完善人工智能相关法规政策及行业标准，重点关注人工智能在安全领域的实践应用，确保研发和应用过程中涉及的国家隐私和数据安全得到有效保护，保证人工智能的安全性、可靠性和可控性。另外，还要加强人工智能技术伦理规范的制定与执行，使其应用在安全领域时，符合人类道德标准并为社会公众认可，与维护人类尊严的要求相一致。涉及国家安全领域的，应该设立专门的监管机构和管理体系，对人工智能技术的使用进行全面评估，包括对算法的训练数据、设计过程以及输出结果的动态审查，确保算法的透明性和公正性，保障其在国家安全领域的应用符合法律规范，防止技术被滥用于传播有害信息或侵犯国家其他合法权益。如此，方能发挥人工智能技术优势，加强集成解决方案的要素保障，充分利用人工智能的核心优势，推动安全治理向智能化、精细化和高效化迈进。

第二节　人工智能对传统安全领域的冲击和改变

人工智能技术扮演着系统扰动要素的角色，正在潜移默化地冲击并改变着传统安全领域的内涵。

一、军事安全领域

人工智能的军事化应用已成为影响国际和平与安全的重要因素。人工智能的强大之处在于它能够引发整体军事化能力的深刻变革，并在多个战争场景下发挥关键作用。人工智能可以大幅提升战场的认知能力，增强无人装备的自主性，改变人力与机器在战争中的配置方式，从而在战场上以更加智能和高效的方式发挥替代辅助作用。

此外，人工智能技术的应用还可以颠覆传统的战争形态、作战理念和装备体系。例如，当具备纳秒级循环的机器人主导战场时，仅具有毫秒级循环的人类将成为进攻与防御中最脆弱的环节。智能化武器系统不再完全依赖于人的操控，而是拥有更强的决策自主性，能够通过目标识别与跟踪算法技术自主分析战场上的图像及视频，根据复杂的战场态势自主选择行动路线并执行预设任务，展现出传统武器难以比拟的精准度、可靠性、速度和耐久性。武装冲突中通过调停斡旋来防止冲突升级的空间将大幅缩小，而一旦战场形势失控，往往会导致各方意想不到的灾难性后果。从另一个角度来看，或许继核威慑之后，智能威慑的时代正在到来。

二、政治安全领域

人工智能技术正在对政治安全领域产生难以预料的影响。人工智能技术的广泛使用对国家主权、政治稳定、国际关系等政治安全领域的多个方面带来了严重冲击，对国家主权构成一定的威胁。传统的国家主权运作模式是基于对领土、人口、经济资源等传统要素的控制，而人工智能则通过对信息、数据的掌控，为国家主权的定义与实施带来全新的挑战。

具体表现在，人工智能技术的广泛应用使政治权力呈现出了"去中心化"的现象和趋势。以大数据为依托，信息时代下数据要素不仅是各个领域信息的载体，更成为政治安全的权力象征。掌握政治数据的主体不仅包括国家权力机构，个人、企业、社会组织等非国家行为体也是政治数据的掌握主体。当前，互联网数据具有多节点、无中心的特点，网络社会中的任何主体都无法在权力上占据绝对优势位置。然而，每个人都可以实时参与信息数据的传播，这种特点显著削弱了传统的政治安全管理，政治话语权逐渐从政府这个传统的权力中心向社会层面进一步扩散和稀释，导致政治安全和国家主权治理的复杂性进一步增大，政治安全风险也随之加剧。

三、核安全领域

人工智能的快速发展正在对传统核安全领域产生显著冲击。人工智能技术不仅为核安全带来潜在的提升空间，同时也引发了新的安全隐患和风险。以下分别从人工智能对核武器指挥控制、核态势感知和核战略稳定等三个方面的冲击进行分析。

第一，人工智能的应用可能会改变核武器的指挥控制系统。传统的核武器指挥控制系统运行基于人类决策者对信息的接收、分析和判断等环节，然而，人工智能的引入为自动化决策系统提供了可能。通过人工智能技术，核指挥控制系统可以加速数据处理，进行复杂的信息整合与预测，提升态势感知能力。例如，人工智能技术可以实时监控并分析全球核活动，评估潜在威胁，进而加快应急响应时间。然而，这种自动化系统也带来了风险：自动化的决策过程容易受到算法的偏见、数据错误或网络攻击的影响，导致其发布错误的核指令。此外，人工智能系统在面对复杂的核局势时可能会产生不可预知的行为，尤其存在在危机中出现过度反应或误判的可能性。此外，依赖人工智能进行核决策还有可能削弱人类主观意愿的控制，增加核战争爆发的风险。

第二，人工智能在核态势感知中的应用虽增强了掌控能力，却也可能加剧核对抗风险。传统的核态势感知系统依赖卫星、雷达和地面监测设备等，信息收集与处理存在时间滞后和数据量限制。而人工智能技术的引入，可以通过大规模数据处理分析，提高核态势感知的实时性和精确度。例如，人工智能可以通过卫星图像分析识别核试验或导弹发射的早期迹象，帮助国家防卫机构更快地做出反应。这对于增强核威慑、保持核平衡具有重要意义。然而，人工智能的态势感知能力越强，也意味着核对抗中的误判风险越高。同时，人工智能技术可以自动检测并识别潜在威胁，但在高压力的核对抗情景下，人工智能算法可能会将正常军事活动误判为"核威胁"，从而促使国家采取过度反应。此外，世界各国若竞相引入人工智能进行核态势监控，可能会形成类似于"人工智能军备竞赛"的局面，进一步加剧国际核紧张关系。而人工智能驱动的态势感知技术一旦被对手视为威胁，可能引发先发制人的攻击倾向，破坏全球核均衡。

第三，人工智能对核战略稳定构成潜在威胁。核战略稳定的核心在于确保核武器领域中的相互威慑，而不致引发军事冲突或核战争。人工智能的应用可能改变这一平衡，使战略稳定性遭到削弱。人工智能驱动的自动化武器系统、无人作战平台等军事技术的发展，增加了核威胁的复杂性，一些国家可能会考虑使用人工智能技术提高核武器的精度、灵活性和打击速度，从而削弱对手的核威慑力。例如，通过人工智能控制的无人潜艇、无人机等平台，可能会被用于追踪对方的核潜艇，进而提高对方核力量的脆弱性。这种技术的不对称性将破坏传统的相互威慑，促使各国进一步发展更为先进的核武器库，增加核军备竞赛的风险。此外，人工智能技术的快速发展也带来了潜在的不可控性。在危机或冲突期间，人工智能算法的自我学习能力和自主决策能力可能导致行动难以预测，增加干预成本。即便是设计最为严密的人工智能系统，也可能在极端压力下产生不可预见的行为,增加冲突升级为核战争的风险。国际社会在应对人工智能与核安全的结合时,必须考虑如何确保人工智能在核武器系统中的应用能够得到严格监管和限制。

综上所述,人工智能对传统核安全领域带来了深刻的冲击。一方面,人工智能技术可以增强核态势感知能力,提升核指挥控制效率,从而在一定程度上促进核安全;另一方面,人工智能也可能导致自动化决策中的误判、态势感知中的误识别,以及战略稳定性的破坏,这些都将增加核对抗的风险。未来,全球核安全体系需要积极应对人工智能带来的新挑战,确保在引入新技术的同时,能够有效防范其带来的潜在危机。这不仅需要国际社会的共同行动,也需要对核与人工智能技术的严格规范与监督,以防止人工智能技术在核领域失控,威胁全球安全。

四、国土安全领域

人工智能技术的广泛应用,一方面有助于国家在动态监控、数据分析、边境管理、反恐及应对自然灾害等方面能力的显著提升,但另一方面也带来了新型的安全挑战与风险隐患。

首先,人工智能的应用显著优化了国土安全管理的各个方面。人工智能技术最直接的优势在于其强大的数据处理和分析能力,这使得国土安全部门能够从大量的监控数据、社交媒体、传感器网络和其他信息源中迅速提取有价值的情报。例如,人工智能驱动的面部识别技术已经广泛应用于机场、公共场所和边境检查点,以加速身份核查并提高安保水平。通过深度学习算法,人工智能可以在几秒钟内从海量图像中识别出潜在的威胁者,从而为保障国土安全提供更加精准和高效的监控手段。此外,人工智能在边境管理方面也展现了强大潜力。传统的边境安全依赖人工巡逻和人力监控,但这些手段在面对广阔且复杂的地形时往往显得捉襟见肘,无人机、自动驾驶车辆和智能传感器的结合使得边境巡逻更加高效,能够覆盖难以抵达的区域,实时监控边境动向。结合大数据分析,人工智能系统还可以对入境者的身份、行为模式和历史记录进行分析,识别潜在风险,并在发生异常情况时及时报警。此外,人工智能技术还被用于打击跨境犯罪,如走私、非法移民和恐怖主义活动。通过分析社交媒体和通信数据,人工智能能够预测并防止这些活动的发生,进一步提升国土安全的整体防御能力。

其次,人工智能对国土安全领域的介入也带来了新的安全风险。第一,人工智能技术本身的复杂性和不透明性可能导致决策失误。算法在做出预测判断时依赖于大量数据，但这些数据可能不完整或存在偏见，从而导致错误的安全评估。人工智能决策过程中的"黑箱效应"也使得其判断依据难以追溯，给政策制定者和执法者带来了额外的责任伦理挑战。第二，人工智能技术的普及也为恶意使用者提供了新的工具，其不仅能够用于提升国土安全，同样可能被恐怖分子、黑客组织等利用，增加国土安全的脆弱性。举例来说，恶意攻击者可以利用人工智能生成虚假信息或伪造身份，以逃避国土安全部门的监控。大模型生成技术的快速发展使得虚假音视频的制作变得更加简单，这可能被用来散布虚假信息，误导公众和决策者，甚至引发恐慌。此外，人工智能驱动的自动化网络攻击工具也在不断演变，黑客可以利用这些工具对关键基础设施发起大规模网络攻击，严重破坏国土安全体系。

再次，人工智能技术在国土安全领域的应用还引发了对隐私和公民自由的担忧。随着监控技术的日益普及，国土安全部门可以借助人工智能工具分析公民的个人信息、社交网络和日常行为。尽管这些数据的收集和分析可以预防犯罪甚至是恐怖袭击，但也带来了侵犯隐私的风险。大规模的数据监控可能导致"监控国家"的出现，对公民的行为和言论自由带来限制，进而影响民主社会的正常运作。因此，在推动人工智能技术应用的同时，如何平衡安全与隐私的关系，将成为国土安全领域面临的重要挑战。

最后，人工智能的发展可能导致国土安全体系中的人机协作模式发生转变。在传统国土安全领域，人类主导了安全决策和行动，但人工智能技术的引入可能逐步将这些任务自动化。这虽然可以提高效率，但也存在过度依赖技术的风险。一旦人工智能系统出现故障或遭受攻击，国土安全可能面临前所未有的危机。因此，确保人类在人工智能驱动下的国土安全体系中保持适当的决策权与控制力，显得至关重要。

综上所述，人工智能技术对传统国土安全领域产生了深远的影响。其在增强监控能力、提升边境管理效率和打击跨境犯罪等方面展现了巨大潜力。然而，人工智能技术的复杂性、不透明性以及潜在的隐私和伦理风险，也给国土安全带来了新的挑战。在未来，国土安全体系必须在充分利用人工智能技术的同时，加强对技术应用的监管控制，确保安全与自由、公正之间的平衡。

第三节　人工智能对非传统安全领域的拓展与变革

人工智能技术对非传统安全领域的影响日益显著，尤其作用在经济安全、网络安全和数据安全等领域。相关技术的使用已成为推动这些领域变革的关键性力量，如通过提高数据处理效率、加强自主决策能力及精准预测等能力，同时也给这些领域带来了前所未有的挑战和风险，引发一系列连锁安全问题。

一、经济安全领域

当前，我们正处于一场技术革命的边缘，人工智能的快速发展可能大幅提升全球生产力、推动经济增长并提高收入，然而，人工智能也可能取代部分就业岗位，进而加剧社会不平等。尽管其背后复杂的经济连锁反应难以准确预测，但这场技术变革已经引发了关于人工智能对全球经济潜在影响的广泛讨论。国际货币基金组织（IMF）的最新研究显示，人工智能对全球劳动力市场影响巨大，波及全球近40%的就业岗位。[1] 不同于以往的自动化技术，人工智能具备影响高技能工作的能力，因此发达经济体面临更大的人工智能风险，但也拥有更多利用其优势的机会。在发达经济体中，约60%的工作可能受到人工智能的影响，约一半的工作有望通过人工智能提高生产力，带来正面效应；然而，另一半的工作可能因人工智能接管关键任务，导致劳动力需求下降、工资下降，甚至部分工作岗位消失。与发达经济体相比，新兴市场和低收入国家的人工智能影响率分别为40%和26%。这些经济体面临较少的直接干扰，但由于缺乏相应的基础设施和熟练劳动力，可能无法充分利用人工智能的优势，从而导致南北集团之间的不平等进一步加剧。为了安全地释放人工智能的巨大潜力，造福人类社会，各国需制定有效的政策来应对这些挑战。

人工智能也可能在国家内部加剧收入来源与财富分配的不平等，进一步导致收入层面的两极分化。能够利用人工智能提升生产力的工人，其工资将显著

---

[1]　Kristalina Georgieva：《人工智能将改变全球经济，让我们确保它能造福全人类》，2024年1月16日，IMF BLOG，https://www.imf.org/zh/Blogs/Articles/2024/01/14/ai-will-transform-the-global-economy-lets-make-sure-it-benefits-humanity。

提高，而未能熟练掌握人工智能技术的工人则将逐渐被边缘化。而人工智能对劳动收入的影响，很大程度上取决于其对高收入工人的补充作用。如果人工智能可以显著提升高收入工人的生产力，则可能导致他们的劳动收入不成比例地增长。同时，随着采用人工智能的公司生产效率提升，资本回报率增加，可能进一步有利于高收入者。总的来看，这两种趋势都可能加剧社会财富分配的不平等。

人工智能对经济安全领域的冲击不仅体现在其对传统产业的颠覆，还在于它进一步加剧了社会不平等现象。在人工智能技术推动数字经济快速发展的同时，财富和技术的分配呈现出更加严重的不均衡趋势。一方面，拥有先进技术和资本的企业能够利用人工智能提高生产效率，创造巨额财富；另一方面，无法有效获取技术资源的企业和个人则面临失业或收入下降的风险，这种对比将进一步加剧社会贫富差距。

也就是说，技术鸿沟导致了社会阶层和社会财富的进一步分化，也间接导致了全球范围内的经济不平衡现象，加大发展中国家和发达国家之间的经济效益差距，对全球经济安全带来严峻挑战。

二、网络安全领域

人工智能技术的深层次运用，使网络安全领域的威胁情形日益加剧。人工智能虽然能够提升网络安全防护，但也成为攻击网络安全的工具。

人工智能的强大计算能力和自学习能力使得网络攻击的手段更加智能化、复杂化和高效化。传统的网络攻击通常依赖人工操作，攻击者需要手动识别漏洞、定制攻击脚本，而人工智能可以通过分析大量网络数据，自动识别系统漏洞并进行精确攻击。例如，基于机器学习的攻击模型能够通过模仿正常用户的行为来绕过传统的安全检测系统，使得这种网络攻击难以发现。在"网络钓鱼"攻击和恶意软件的开发中，人工智能的应用可以使攻击者自动生成更加复杂的伪造信息，甚至利用深度学习技术生成高度逼真的假冒网站和电子邮件，这些内容难以通过传统的反诈骗技术识别。此类攻击不仅对企业和个人的网络安全带来不利影响和冲击，还可能造成一定程度的经济损失。

人工智能对网络安全领域的冲击还表现在其带来了新的网络安全隐患。例如，人工智能技术可以生成对抗性样本，让网络安全防御系统无法识别生成的恶意流量或恶意行为，使传统的安全检测系统在面对新型攻击时变得无效。人工智能的应用也加剧了网络安全隐私泄露的风险。网络安全防御基于大量的数据训练，同时许多企业和机构会收集、存储和处理敏感数据，虽然这些数据有助于提升人工智能的预测和决策能力，加强网络安全的防御，但也提高了网络安全领域中数据泄露、黑客攻击等安全事件的频率，造成个人隐私和商业机密的泄露或滥用。人工智能对全球范围内的网络安全也带来极大的挑战和冲击，不同国家的跨国公司或个人在进行经济行为的同时，面临着由智能化网络攻击带来的新型威胁。利用人工智能进行网络间谍活动或网络攻击，基于网络安全的信息获取和利用，进一步加剧国家间的政治和经济对抗。

三、数据安全领域

人工智能依赖海量数据进行深度学习与智能决策，数据的来源、存储、处理和应用成为数据安全关注的重点。随着跨国技术巨头的崛起和全球化数据流动的加速，国家对数据安全的控制力本应逐步加强。然而，一些国家面临数据外流和技术垄断的局面，其信息主权与数据安全受到侵蚀。这种情况下，控制数字资源和技术权力成为维护主权的关键。

人工智能算法依赖海量数据来提高模型的精度和效果，特别是在涉及个体行为模式、偏好、习惯等领域，收集的个人数据规模不断增大。这种大规模的数据收集可能造成个人隐私泄露的风险，特别是在缺乏数据保护机制的情况下，用户的敏感信息容易被滥用或暴露。例如，社交媒体平台、智能家居设备、在线购物等智能系统都会收集用户的大量行为数据，这些数据一旦被窃取或滥用，可能会给用户带来严重的隐私风险。此外，一些企业和机构可能会过度收集或存储与其业务无关的敏感数据，这也为潜在的隐私泄露埋下了隐患。

人工智能系统中数据的完整性至关重要。黑客通过篡改输入数据以干扰或误导智能系统的判断，影响决策和输出的结果，给数据安全系统带来极大的不确定性。例如，攻击者通过修改训练数据集，在数据中引入伪造或恶意信息，导致模型在处理关键任务时出现错误。在对恶意软件或恶意行为做出智能防护和判别时出现错误判断，导致数据安全受到威胁。这种数据篡改不仅可能造成系统误判，甚至可能引发更严重的后果，将影响和冲击扩散到其他重要行业，例如金融和医疗等以数据为分析基础的行业。

人工智能开发过程中的数据传输、存储和共享环节也可能成为潜在的数据泄漏点，给数据安全领域带来不确定性内生风险。在云平台上存储和处理数据时，人工智能技术的使用会进一步加剧数据泄漏风险。当数据的不完整性被恶意使用或过度解读时，模型训练的结果就会存在偏见，引发数据安全领域的数据歧视问题。人工智能算法的不当使用会对数据的安全性与公正性造成不利影响，尤其是在涉及身份、种族、性别等敏感信息的场景中，数据偏见能够直接导致个人或团体的合法权益遭受损失。

第四节　人工智能对国家安全的系统性重塑

国家安全是最为关键、最为重要的安全问题。人工智能对于国家安全的冲击是一个系统性过程，对国家安全的影响也必将是系统性的重塑。由于国家安全诸多领域具有不同的特点，在与人工智能要素互动过程中也呈现出显著的差异化形态。人工智能技术正在以不同的角色嵌入国家安全的各个领域，有力塑造着智能化时代的国家安全形态。

一、人工智能对国家安全的结构性影响

人工智能技术对国家安全的系统性影响是全方位的，贯穿国家政治、经济和社会生活等各个领域。每个领域与人工智能技术的交互展现出差异化的嵌入，从多维度、多层次给国家安全带来系统性冲击，引发一些潜在的长期风险和不确定性。

在政治、经济、军事等宏观安全领域，人工智能技术作为一种系统性干扰因素，正在逐步冲击这些领域的安全内核。在政治方面，人工智能通过无处不在的社交媒体平台，以内容引导或深度伪造等手段直接影响社会认知，带来了新的政治安全威胁。在经济方面，人工智能技术具有颠覆传统经济结构和全球价值链格局的潜力，使经济安全风险显著上升。在军事方面，致命性自主武器系统的开发与应用正在深刻改变传统战争形态，重新建构军事伦理，成为国家安全态势的重大外生变量。

在国土安全、网络安全和核安全等领域，人工智能技术能够赋能主体，但在有效发展的同时，亦对各个领域带来系统性冲击影响。例如，在国土安全方面，人工智能的有效应用能够显著提升防范能力和手段，但若滥用或管理不当，也会成为威胁国土安全的风险因素，给国土安全防御系统带来冲击。在网络安全领域，人工智能已成为网络攻防领域的有效工具，为网络攻击提供更多漏洞，也为防御手段带来显著提升。若不加强管理，将对网络安全保护产生负

面冲击。在核安全方面，人工智能与核技术的结合引发安全格局变化，决定着核威慑效力的持续性，这对全球战略稳定的延续至关重要。

在数据安全领域，人工智能技术成为安全治理的核心对象。数据对人工智能技术创新和产业发展至关重要。但数据不仅是关乎国家安全的重要资源基础，同时也涉及个人的隐私保护。为了切实维护国家数据安全，减少人工智能技术在使用过程中对数据安全带来的冲击，须对人工智能产业主体在数据收集、存储、流通和使用等环节进行有效规范，确保数据在安全框架内的有序利用。

二、人工智能对国家安全的治理能力变革

党的十八大以来，习近平总书记立足中华民族伟大复兴战略全局和百年未有之大变局，把保证国家安全当作"头等大事"，创造性地提出总体国家安全观。这一理念将我们党对国家安全的认知提升到了新的高度和境界，为破解我国国家安全面临的难题、推进新时代国家安全工作提供了根本遵循。2014年4月15日，习近平总书记在中国共产党中央国家安全委员会第一次会议上提出总体国家安全观，强调要"以人民安全为宗旨，以政治安全为根本，以经济安全为基础，以军事、文化、社会安全为保障，以促进国际安全为依托"。习近平总书记的重要论述深入阐明了总体国家安全观的"五大要素"，并强调贯彻落实总体国家安全观要重视"五对关系"：既重视外部安全，又重视内部安全；既重视国土安全，又重视国民安全；既重视传统安全，又重视非传统安全；既重视发展问题，又重视安全问题；既重视自身安全，又重视共同安全。①

党的十九届四中全会提出"完善国家安全体系"，要求"以人民安全为宗旨，以政治安全为根本，以经济安全为基础，以军事、科技、文化、社会安全为保障"。② 其中，"以科技安全为保障"这一全新表述，是对国家安全保障手段的重要补充。党的十九届六中全会审议通过的《中共中央关于党的百年奋斗重大成就和历史经验的决议》，系统回顾了新时代国家安全的重大理论创新和实践成果，明确提出"统筹发展和安全，统筹开放和安全，统筹传统安全和非

---

① 《习近平：坚持总体国家安全观，走中国特色国家安全道路》，《人民日报》2014年4月16日第1版。

② 《中国共产党第十九届中央委员会第四次全体会议公报》，2019年10月31日，求是网，http://www.qstheory.cn/yaowen/2019-10/31/c_1125178191.htm。

传统安全，统筹自身安全和共同安全，统筹维护国家安全和塑造国家安全"①。习近平总书记在党的二十大报告中进一步强调，"以人民安全为宗旨、以政治安全为根本、以经济安全为基础、以军事科技文化社会安全为保障、以促进国际安全为依托"②，这是对总体国家安全观"五大要素"的进一步丰富和发展。

总体国家安全观关键在"总体"，突出的是"大安全"理念，涵盖政治、军事、国土、经济、金融、文化、社会、科技、网络、粮食、生态、资源、核能、海外利益、太空、深海、极地、生物、人工智能、数据等诸多领域，而且随着社会的发展而不断拓展。习近平总书记多次对各领域国家安全工作做出重要指示，比如"政治安全是国家安全的根本"，"没有网络安全就没有国家安全"，"粮食安全是'国之大者'"，"生态环境安全是国家安全的重要组成部分"，"生物安全问题已经成为全世界、全人类面临的重大生存和发展威胁之一"，等等。③ 总体国家安全观强调国家安全工作的系统性思维和总体性方法。例如，习近平总书记曾多次强调，要"坚持科学统筹，始终把国家安全置于中国特色社会主义事业全局中来把握，充分调动各方面积极性，形成维护国家安全合力"④。由此不难看出，维护国家安全是全方位的工作，必须科学统筹、协调推进，要把国家安全贯穿到党和国家工作的各方面全过程，同经济社会发展一起谋划、一起部署，坚持系统思维，构建大安全格局。

习近平总书记高度重视人工智能技术的安全发展和应用，强调"要加强对人工智能潜在风险的研判和防范，维护人民利益和国家安全，确保人工智能的安全、可靠、可控"⑤。客观分析和理性应对人工智能给国家安全领域带来的重塑影响和安全风险非常必要。人工智能技术应用带来不同类型的国家安全风险，应针对性地予以防范与应对，将保障国家安全发展作为主要安全政策的核

---

① 《中国共产党第十九届中央委员会第六次全体会议公报》，2021 年 11 月 16 日，求是网，http://www.qstheory.cn/dukan/qs/2021−11/16/c_1128064152.htm.

② 习近平：《高举中国特色社会主义伟大旗帜，为全面建设社会主义现代化国家而团结奋斗》，《人民日报》2022 年 10 月 26 日第 1 版。

③ 《习近平：全面贯彻落实总体国家安全观，开创新时代国家安全工作新局面》，《人民日报》2018 年 4 月 18 日第 1 版；《习近平：总体布局统筹各方创新发展，努力把我国建设成为网络强国》，《人民日报》2014 年 2 月 28 日第 1 版；《把提高农业综合生产能力放在更加突出的位置，在推动社会保障事业高质量发展上持续用力》，《人民日报》2022 年 3 月 7 日第 1 版；《习近平：坚决打好污染防治攻坚战，推动生态文明建设迈上新台阶》，《人民日报》2018 年 5 月 20 日第 1 版；《习近平：全面提高依法防控依法治理能力，健全国家公共卫生应急管理体系》，《求是》2020 年第 5 期。

④ 《习近平：全面贯彻落实总体国家安全观，开创新时代国家安全工作新局面》，《人民日报》2018 年 4 月 18 日第 1 版。

⑤ 中国网络：《又踏层峰望眼开——习近平总书记指引数字技术发展述评》，2023 年 7 月 13 日，中青在线，https://news.cyol.com/gb/articles/2023-07/13/content_775gBgfeEm.html.

心目标。以总体国家安全观为主要指导，在全力推动人工智能技术创新的同时，守住安全及应用范围的伦理道德底线，防止因技术应用范围边界模糊而导致的国家安全风险泛化。同时，要从安全风险和经验中不断积累和推进国家安全体系的建设，保障安全能力的提升。

第五节　人工智能与国家安全紧密而复杂的纽带

人工智能正以复杂且紧密的方式深刻嵌入国家安全领域。一方面，从技术维度上看，国家安全的许多领域为人工智能技术提供了广泛的应用场景，使人工智能技术日益成为增强国家安全能力的新工具。另一方面，从安全维度上看，人工智能技术的使用与普及，对传统国家安全体系产生了冲击，同时也推动了新型国家安全体系的构建和完善。

一、人工智能在国家安全中的技术性维度

在全球安全格局快速演变的背景下，人工智能已成为国家安全领域进行有力变革的技术支撑，正在深刻改变各国的国防、情报收集和战略规划方式。各国对人工智能技术的大力投资，意味着其对国家安全的影响将持续而深远。

第一，人工智能技术在国家安全领域能够有效增强情报收集与分析能力。人工智能在处理和分析大量数据方面具备显著优势，国家有关组织通常需要从多种来源获取信息，如卫星图像、通信拦截等，而人工智能技术能够快速筛选这些信息，智能且实时地识别出异常和潜在威胁。例如，机器学习可以分析卫星图像，探测军事设施的变化，或利用自然语言处理扫描社交媒体，识别潜在的安全威胁，从而加速安全机构对危机情势的应对和处理速度。

第二，人工智能基于国家安全大数据库，能够智能预测分析潜在的国家安全风险与地缘政治动向，帮助有关国家安全机构进行更复杂的情景规划，预见可能的攻击或危机并制定相应对策。在这一过程中，人工智能借助大数据处理和机器学习算法，对海量数据进行深度挖掘和分析，帮助发现隐藏在各类信息中的潜在国家安全风险。通过数据的全面整合与实时分析，人工智能可以预警可能的安全事件，识别出隐藏的威胁模式，进而构建更为复杂和动态的情景预测，为国家安全决策者提供科学依据和数据支撑。

第三，人工智能在国家安全的网络与防御方面，展现出重要的应用潜力。网络威胁对国家安全的影响日益复杂，人工智能的使用能够实时监控网络流量，通过其自适应学习能力，根据不断变化的网络威胁形势进行自主调整和优化，实时维护国家安全。通过对历史攻击样本和新型攻击方法的学习，人工智能系统能够不断更新其对国家安全威胁的检测和防护策略，以应对日益多样化的攻击手段。在面对高级持续性威胁等复杂攻击时，人工智能可以有效提高检测的灵敏度，防止攻击者长期潜伏或窃取关键数据。此外，人工智能可以实现智能化的国家安全管理，快速扫描并有效识别国家安全系统中的潜在漏洞，评估其风险等级，并建议相应的修复措施。

二、人工智能在国家安全中的安全性维度

在人工智能技术的持续推动下，原有的国家安全形态已被深刻改变。其不仅对传统的国家安全体系造成了巨大的冲击和影响，同时又在重塑和建立新型的国家安全系统。因此，人工智能技术既是部分国家安全风险的源头，又成为国家安全治理的重要工具和保障。

人工智能技术作为部分国家安全风险的源头，其强大的技术能力不仅为国家带来了巨大的发展机遇，也带来了潜在的安全隐患。[①] 首先，人工智能被恶意使用的可能性大大增加，尤其是在网络安全领域，黑客可以利用它进行自动化的攻击、病毒传播和数据窃取等活动，导致网络攻击的规模和复杂程度大幅提升。其次，人工智能在信息处理和传播中的应用也可能被用来操控舆论，形成定向信息流，通过虚假新闻、深度伪造技术等手段操纵公众的认知与判断，从而加剧社会的不稳定性。最后，人工智能的普及可能使社会的各种矛盾更加突出，特别是在就业和社会福利等方面，导致贫富差距和社会不平等问题的加剧，进而引发社会动荡和政治冲突，当公众对政府和社会机构的信任受到侵蚀时，国家安全也将受到威胁。恶意使用人工智能技术的风险不仅仅限于网络攻击或信息操控，还包括对社会信任的破坏。当公众意识到人工智能技术可能被滥用时，社会的整体信任感会受到极大冲击，从而影响政府的治理效能和社会的稳定性。因此，人工智能技术的安全管理与规范化使用对于保障国家安全至关重要。

---

① 韩娜、董小宇：《全球人工智能安全治理的信任困境与破解路径》，《国际论坛》2024 年第 6 期。

人工智能技术的发展带来了新的国家安全挑战，包括对抗性人工智能的威胁、对个人隐私的侵犯以及对人类决策的潜在影响，这些挑战需要通过国家政策、法规和技术手段来应对。为了充分利用人工智能技术的潜力，同时管理其带来的国家安全风险，国际社会应该积极应对，并制定全面的国家战略，包括投资人工智能研究、加强国际安全合作，以全面确保人工智能技术的国家安全正向属性。人工智能技术在军事领域的驱动作用，已成为增强国家安全的核心力量。[①] 通过对卫星图像分析、网络防御和数据分析的介入，人工智能有效提高了国家安全机构的效率。人工智能增强了数据收集和分析能力，使得情报机构能够更精准地从大量数据源中辨别真相。不可忽视的是，人工智能具有双重用途特性，这意味着其既能为民用技术服务，也能在国家安全领域发挥作用。政府需要在推动技术进步的同时，平衡对商业领域的限制与支持，政府的角色应不仅仅是监管者，还要成为推动统筹技术安全与发展方向的引导者，通过鼓励商用人工智能技术与国家安全的有效结合，确保人工智能系统在安全性和性能方面的平衡发展。

在可预见的未来，人工智能还将继续改变国家安全格局。通过推动军事、信息和经济的变革，人工智能将在全球范围内引发新的安全挑战。各国必须在此背景下迅速调整政策、战略和资源分配，以应对技术带来的复杂局面，并确保自身在智能时代保持竞争力，维护自身的安全状态。

---

① 李艳：《人工智能与国家安全：从安全感到安全化》，《智能物联技术》2024 年第 5 期。

第四章　人工智能安全风险

本章将深入探讨人工智能技术迅猛发展所带来的多重安全风险。如前所述，人工智能作为一种具有高度创新性和颠覆性的划时代技术，正在重塑安全问题的各个层面，但同时也带来了全新的、复杂的安全挑战。首先，在技术安全风险方面，本章将讨论人工智能的技术优势及其对安全问题的积极贡献，分析如何利用这些技术提升技术防御与安全维护的能力，同时识别其在网络安全、数据隐私及技术依赖方面的潜在风险。其次，在经济社会风险角度，本章将着眼于人工智能在推动经济转型和社会变革过程中，可能引发的失业、贫富差距加剧、社会不稳定等问题。再次，在意识形态及政治安全风险方面，本章将探讨人工智能在信息传播、社会控制、意识形态操纵等方面对政治安全和社会共识构成的威胁，特别是在深度伪造技术、信息操控和网络舆情管理方面的风险。复次，基于国家竞争力风险，聚焦国际竞争格局，本章将讨论人工智能对国家综合竞争力的影响，尤其是技术领先国家与落后国家之间的差距如何加剧国家间的竞争与对抗。最后，基于安全风险隐患分析，本章将系统性地梳理人工智能技术在军事、经济、社会和技术领域中的潜在隐患，提出国家在应对这些风险时需要的全面策略。

第一节　技术安全风险

人工智能的技术安全风险是一个立体化的问题，主要涉及"黑箱效应"、数据隐私安全以及对现有知识生成秩序的颠覆性。

一、人工智能的"黑箱效应"

深度学习模型的复杂性，使得它们在许多情况下被视为"黑箱"，难以理解和解释,而"黑箱效应"是指人工智能模型尤其是深度学习模型,其决策过程对用户和开发者来说往往是不透明的。[①] 这种不透明性可能导致模型生成偏误信息,误导使用者。例如,当数据来源良莠不齐时,模型可能学习并放大数据中表达的某种偏见,导致产生不公平或不均衡的推断结果。此外,算法的复杂性可能导致其行为难以被理解、预测,增大了纠正偏见、错误或不当行为的难度,亦不便于事先审查。这种"黑箱效应"不仅影响了信息的准确性、可信度,还可能对社会信任造成负面影响,进而干扰社会运转秩序。这种不可解释性在关键领域(如医疗诊断、金融风控)中可能带来严重后果。因此,如何提升深度学习模型的可解释性,已经成为学术界和实务界关注的焦点。

模型的"黑箱"性质意味着其决策过程对于人类来说是模糊的。即使模型表现出色,人类也难以解释其具体的工作原理。而"黑箱理论"研究方法的出发点在于:由于自然界中没有孤立的事物,任何事物间都是相互联系、相互作用的,所以即使我们不清楚"黑箱"的内部结构,仅注意到它对于信息刺激做出如何的反应,注意到它的"输入—输出"关系,就可对它做出研究。这种研究方法叫做"黑箱方法"。黑箱是我们未知的世界,也是我们要探知的世界。为了解未知的黑箱,我们只能在不直接影响原有客体黑箱内部结构、要素和机制的前提下,通过观察黑箱中"输入""输出"的变量,得出关于黑箱内部情况的推理,寻找、发现其内部规律,实现对黑箱的控制。

"黑箱效应"同时带来了对人工智能技术的信任危机。这一信任危机是多方面的,包括透明度问题、可解释性差以及对抗性攻击的脆弱性等。为了解决这些问题,我们需要采用一系列校正方法来提高模型的透明度、可解释性及鲁棒性。只有这样,我们才能让人们对深度学习模型有更高的信任度,从而更好地利用其强大的能力来解决现实问题。深度学习模型的可解释性旨在揭示模型预测背后的原因和逻辑,使人们能够理解模型是如何做出决策的。这不仅有助于提高模型的信任度,还有助于发现模型的潜在问题与改进方向。综上所述,要解决"黑箱效应"带来的人工智能技术安全风险挑战,需要从技术、法律、伦理等多个角度进行综合考量和整体治理。通过引入可解释性技术、加强法律法规建设、提高公众的媒介素养等措施,可以更好地应对这些挑战,确保人工智能技术的健康发展。同时,需要实现科技创新与伦理创新的统一,走向共建性的科技伦理治理,以增进社会对人工智能的信任。

---

① 董青岭:《人工智能时代的算法黑箱与信任重建》,《人民论坛·学术前沿》2024 年第 16 期。

二、人工智能背景下的数据安全性

在人工智能时代，数据作为基本生产资料，其安全稳固与否关系"技术大厦"的根基。人工智能模型的训练依赖于大量个人和企业等途径产生的数据，这些数据可能包含敏感的国家信息、商业秘密和个人隐私。随着人工智能技术的广泛应用，数据的过度采集、窃取、泄露和滥用的风险不断增加，对个人隐私与国家安全构成威胁。在利用数据资源的同时，必须采取有效措施保护个人隐私，这是人工智能发展中必须面对的挑战。为了应对这些挑战，各国正在加强数据安全与隐私保护的法律法规建设。例如，《中华人民共和国数据安全法》（以下简称《数据安全法》）旨在规范数据处理活动，保障数据安全，促进数据的合法利用，并保护个人和组织的合法权益。[①] 此外，《数据安全法》强调了数据安全的重要性，并提出建立健全数据安全治理体系、提高数据安全保障的能力要求。在技术层面，企业和组织需要采取一系列措施来保护数据安全，包括但不限于数据加密、访问控制、数据备份和恢复策略等。同时，也需要加强对数据安全风险的评估和管理，确保在数据收集、存储、处理和传输的每个环节都有相应的安全措施。

此外，数据安全和隐私保护还需要社会各界的共同努力。政府、企业和个人都应该提高对数据安全的认识，加强数据安全知识的宣传和教育，提高公众的数据安全保护意识和能力。通过全社会的共同努力，我们可以更好地保护数据安全，促进人工智能技术的健康发展。在实际操作中，企业应当遵守数据安全法等相关法律法规，尊重用户的数据权利，确保在数据采集、处理和使用过程中的透明性和合法性。[②] 同时，企业还应该建立健全的数据安全管理体系，采取有效的技术手段和管理措施，防范数据安全风险，保护用户隐私。总之，数据安全是人工智能时代的一个重要议题，需要我们从法律、技术、管理和教育等多个方面进行综合施策，以确保数据的安全和合法利用，同时保护个人隐私和国家安全。

[①]　《中华人民共和国数据安全法》，2021 年 6 月 11 日，中国政府网，https://www.gov.cn/xinwen/2021-06/11/content_5616919.htm。

[②]　郝家杰：《人工智能数据安全的风险防范机制探析》，《经济与社会发展》2024 年第 4 期。

三、人工智能技术对先验知识的挑战

人工智能技术的快速发展，尤其是像 ChatGPT 这样的生成式人工智能大模型的出现，对人类现有的知识生成秩序构成了显著的冲击。传统的知识生成是一个由人类主导的、缓慢且稳定的过程，它依赖于教育系统、学术研究和知识产权法律体系的支撑。然而，人工智能的介入可能会打破这一秩序，引发一系列问题和挑战。人工智能生成的内容可能迅速传播，但其准确性、可靠性却难以保证。这可能导致所谓的"知识泡沫"和"信息过载"，使得人们难以在真实和虚假信息之间进行区分，从而对人类知识的质量造成损害，进而降低社会整体创新活力。例如，人工智能生成的文本可能包含错误结论或意识形态偏见，而没有经过适当的事实核查及同行评审，这些问题在教育科研领域表现得尤为突出。同时，人工智能在艺术创作、科学研究等领域的应用，又引发了关于知识产权、原创性等方面的争议。例如，人工智能生成的作品是否应享有"著作权"？以及这些权利应该归属于谁，是开发者、用户还是机器本身？目前对此尚无定论。这不仅涉及法律层面的挑战，也关乎创作者和使用者的利益分配。

此外，人工智能的介入可能会改变传统的学术评价体系。在学术论文撰写中使用人工智能辅助工具，无法有效确认原创性，可能会对学术诚信产生影响。包括部分出版社在内的一些学术机构已经开始制定规则，以确保人工智能的使用不会损害学术研究的质量、破坏知识生产链条的完整性。为了应对这些挑战，需要从多个层面进行努力，如在技术层面，可以开发更加透明和可解释的人工智能模型，提高其生成内容的准确性、可靠性；在法律层面，需要更新知识产权法律，明确人工智能生成内容的版权归属及使用规则；在教育科研领域，可以加强对人工智能使用的指导规范，确保其只能"辅助"而不是"替代"人类的创造性工作。同时，社会也需要对人工智能技术的发展与应用保持开放的态度，鼓励技术创新，鼓励合理使用，并在此过程中警惕其潜在的风险。通过多学科合作和公众广泛参与，可以共同构建一个适应人工智能时代的新知识生成秩序，以确保知识的质量和创新的活力得以维护。因此，人工智能对现有知识生成秩序的破坏风险是真实存在的，但通过有针对性地防范治理，我们可以将这些挑战转化为推动知识进步和科学创新的机会。由此看来，人工智能技术的安全风险需要从技术、法律、伦理等多个角度进行全面考量、综合治理。通过制定相应的法律法规、加强技术透明度、提高公众的媒介素养等措施，我们可以更好地应对这些挑战，确保人工智能技术在人类社会精神生产领域的健康发展。①

人工智能和区块链技术的结合为增强技术安全性提供了新的可能性。人工智能在网络安全领域的应用日益增长，对于安全且去中心化的人工智能系统的需求也随之增加，以应对潜在的网络威胁。区块链技术因其提供去中心化及不可篡改的数据存储，成为增强人工智能系统安全性、有效保护用户隐私性的理想方法。该技术通过其分布式账本，利用参与者共识机制，为数据算料提供了一个相对安全的存储环境，这种环境使得人工智能算法能够在受保护的数据上运行，显著提高了决策过程的准确性。例如，在医疗领域，医生和研究人员可以访问匿名的患者记录，这对于发现治疗方法和开发先进的医疗程序至关重要。区块链的不可变性、分布式特性为数据完整性提供了额外的"保护层"，这对于人工智能系统处理敏感数据尤为重要。区块链技术还能够提高人工智能系统的透明度及可追溯性，通过将人工智能决策过程记录在区块链上，可以增进用户对人工智能系统的信任程度，并确保决策的透明性，以及全流程的可审计性。这种透明度对于智能合约尤其重要，因为它们是自动执行合同条款的计算机程序，需要高度的安全性与可靠性。然而，人工智能和区块链技术的结合也面临着诸多技术层面的挑战，数据操作、隐私保护、系统可扩展性和安全性是其中的关键问题。例如，区块链的可扩展性受限于其数据存储和交易速率，这可能与人工智能算法的训练数据和交易需求发生冲突。此外，智能合约的安全性也是其中一个重要问题，需要更好的区块链工程和辅助编码实践来解决。

为了应对这些挑战，人工智能领域未来的研究方向可能包括开发更高效的、可互操作的系统，以及探索新的共识机制，建立新的治理模型。例如，侧链与分片技术有助于提高区块链运行的整体效率，而新的共识机制如Graphchain、Algorand等则可能有助于解决可扩展性问题。同时，智能合约的安全性可以通过开发新的工具和方法来评估和增强。总之，人工智能和区块链技术的结合在提高技术安全性方面具有巨大潜力，但也需要跨学科的合作研究来克服现有的挑战。通过不断的联结模式创新，我们可以期待这一领域在未来将带来更多的技术安全方面的突破和应用。

应对人工智能带来的技术安全风险，需要政府、企业和国际社会的多方合作与协调。政府应通过政策安排，加强法律法规建设，强化对人工智能技术的

---

① 徐炎：《数据和人工智能时代下数据安全的风险及应对策略》，《网络安全技术与应用》2024年第12期。

监督管理，确保其在军事、情报、网络安全等领域的安全应用。通过资助基础研究，激发科技创新，推动"反人工智能"技术的发展，减少人工智能系统中的漏洞与对抗性攻击风险。[①] 同时，政府应与私营部门合作，促进双重用途技术的安全开发，防止其被滥用于发动战争和恐怖主义袭击等危害人类安全的行为。国际社会则应通过外交条约，推动人工智能的全球共同监管与技术分享，防止技术要素驱动的军备竞赛导致的全球不稳定。此外，数据隐私和公民自由问题也必须得到有效平衡，确保国家安全不以牺牲公民权利为代价。通过人才培养和资源分配的优化，国家可以增强对技术风险的应对能力，保障技术优势的可持续发展。最终，各方应推动负责任的技术创新，确保人工智能在提升国家安全的同时，不威胁全球和平与稳定。

第二节　经济社会风险

人工智能技术的普及还会带来不同层面的经济与社会风险。一方面，人工智能可能替代大量简单重复性劳动，从而引发对底层劳动者及低端生产要素的技术性失业风险；另一方面，技术依赖的加深可能导致认知浅层化风险，减少人类主动思考的机会与深度，进而抑制抽象逻辑和批判性思维的发展，给科学和教育事业带来巨大的挑战；除此之外，技术的复杂性还可能加剧社会阶层的分化，导致那些缺乏技术知识或专业信息的人群逐步被边缘化，从而引发新的社会不公平现象，形成"信息茧房"和"数字鸿沟"等新的问题。

一、人工智能带来的失业风险

要理解人工智能带来的经济社会风险，必须将其放在技术颠覆的历史背景下加以考察。历史经验表明，每一次重大技术进步都会对经济社会发展产生深远的影响。一方面，技术进步会对既有的产业形态造成冲击，如在第一次工业革命时期，机器取代了大量农业手工业劳动者，经济形态从农业转向工业，引发了农民和手工业者对就业的恐慌。另一方面，技术进步也带来了新的行业和

---

① 钱洪伟等：《生成式人工智能 ChatGPT 风险形成机理与防范策略研究》，《中国应急管理科学》2024 年第 11 期。

新的就业机会——汽车取代马车，同时创造了汽车制造、道路建设等新领域的工作，计算机和互联网的发展同样催生了大量与数字技术相关的新职业。人工智能则是技术进步的最新一章，它的潜力比以往任何技术都更广泛、更深远。除了体力劳动的自动化，人工智能还能处理复杂的认知任务，这意味着那些传统上被认为安全的高技能工作同样面临被取代的风险。[①] 正因为如此，人们对人工智能的影响更为不安，担心不仅是低技能工作将被自动化，甚至是高技能、专业性强的工作也会被自动化。这种焦虑的根源在于人工智能可能重塑整个劳动力市场，并对全球经济产生深远的影响。

"人工智能导致企业裁员"的消息无疑引起了广泛关注，尤其是这类消息在近些年已频频登上新闻头条。然而需要指出的是，企业裁员往往由多重因素引发，例如，全球新冠疫情、通货膨胀和供应链危机等问题使企业削减成本，人工智能常被用作在减少人力的情况下提高生产力的有效工具，但它并非造成失业的唯一原因。诚然，技术颠覆效应加速了某些岗位的自动化趋势，例如，在零售业中，自助结账和自动库存系统减少了对人工操作的需求；在金融领域，人工智能也取代了部分传统投资与咨询的角色。与此同时，新冠疫情期间，商业模式的变革大大推动了企业向数字化转型，这进一步减少了与实体运营相关的工作岗位，人工智能在其中起到了推波助澜的作用。尽管如此，人工智能并不仅仅导致企业裁员，也创造了新的机遇。当前，社会上对人工智能专家、数据科学家等岗位的需求不断增长，为人们提供了适应新技术并重新学习技能的机会。可以说，人工智能虽然在某些领域减少了劳动力，但也为新兴行业提供了新的潜力。

而聚焦于当下所面临的风险，人工智能技术的发展主要引发了对简单重复性劳动的替代，进而可能导致大量底层劳动者和低端生产要素的技术性失业。人工智能目前已展现出能够替代简单重复性劳动的趋势，尤其是机器学习和自动化运行系统，已在许多行业中成功取代了简单重复性的工作。这些工作通常不需要复杂的认知能力，主要依赖于体力劳动或简单的操作。例如，制造业中的装配线工人、仓储物流中的分拣员以及服务行业中的收银员等岗位，正逐步被自动化机器或智能系统所取代。这一趋势不仅限于发达国家，在新兴市场和发展中国家同样存在，而新兴市场和发展中国家的大量就业依赖于制造业和服务业中的低技能岗位。由此，人工智能带来的技术性失业对社会部分劳动人员存在较大影响。人工智能替代低技能工作的直接后果是技术性失业。这种失业

---

① 罗冬霞：《人工智能对劳动就业的影响研究》，西南财经大学博士学位论文，2023 年，第 235 页。

形式并非由于经济周期波动导致的需求下降，而是技术进步使得某些工作不再需要简单劳动。大量底层劳动者，特别是受教育水平较低、缺乏专业技能的工人，面临较高的失业风险。

技术性失业不仅会影响个体的经济收入，还会对家庭和社区产生连锁反应，导致社会不平等的加剧。人工智能带来的失业影响将引起经济社会中低端生产要素的贬值。随着人工智能替代简单重复性劳动，低端生产要素如非技术性劳动力的市场价值将逐渐下降。这种贬值不仅体现在工资水平的降低，还体现为就业机会的减少。低端劳动的市场需求减少，将进一步挤压这些劳动者的生存空间，使得他们难以维持原有的生活水平。这种变化可能导致社会阶层的固化，阻碍社会的向上流动性，进而加剧社会的不平等。

二、人工智能带来的社会分化

人工智能技术的飞速发展虽然为社会带来了巨大的进步和便利，但其日益复杂的技术特性也在无形中加剧了社会阶层的分化。技术知识的掌握成为新的社会分层标准，那些无法掌握或使用这些技术的人群面临着被进一步边缘化的风险，从而引发了新的社会不公平现象。技术的复杂性使得掌握这些技术成为一项需要高水平教育、特定技能和资源的高端任务。门槛的提高导致技术知识的分配不均：受过高等教育、拥有技术背景的个人或群体更容易进入技术领域并享受其带来的经济红利，而那些缺乏相关教育背景或资源的人群，则面临着被排除在外的困境。这种技术知识的不对等进一步拉大了社会的经济差距，使得不同阶层之间的财富和机会分配不均加剧。

与此同时，"信息茧房"现象的出现也加剧了社会的不公平。"信息茧房"是指个体在经过算法筛选和有目的性推荐后，只接触到符合其既有观点或潜在兴趣的信息，导致思想和认知的局限性。这种现象在人工智能主导的信息传播时代尤为明显。算法根据用户的历史行为推荐内容，使得人们接触的信息日益狭窄，强化了既有的观念与偏见。这不仅限制了人们获取新知的机会，也加深了社会的隔阂与分裂。不同群体在信息获取上的不平等，导致对事物的不同认知，甚至引发群体间的冲突。这种"信息茧房"现象进一步削弱了社会的整合力，使得社会的分化和不平等裂痕更加难以弥合。

另外，"数字鸿沟"现象作为社会不公平的重要表现形式之一，也在人工智能时代表现得尤为突出。"数字鸿沟"是指由于经济条件、地域差异、教育水平等因素导致的个体或群体之间在信息技术的获取和使用能力上的差距。随着人工智能技术的普及，拥有先进技术的人群能够更好地利用这些技术条件来提升生产效率和生活质量，而那些无法获取或使用这些技术的人群则进一步被边缘化。这种鸿沟不仅体现在硬件设备的拥有和使用上，还体现在信息获取、技术素养以及利用信息技术提升生活和工作的能力上。"数字鸿沟"的存在使得贫富差距进一步扩大，社会阶层固化，社会流动性降低，社会不公平现象愈加严重。

此外，技术的复杂性还导致了一种新的不公平，即技术公司及精英群体对新技术的垄断。这些公司及个人通过其掌握的核心技术，控制了大量的数据与资源，从而在市场和社会中占据主导地位。普通民众在面对这些技术巨头时，缺乏与之抗衡的能力，其利益往往受到损害。例如，大型科技公司通过其掌握的人工智能技术，可以操控市场、影响舆论、左右政策，而普通人则难以获得相应的公共权力和社会影响力。这种不对等的权力分配进一步加剧了社会底层逻辑的不公平现象。

面对如此挑战，如何缓解技术复杂性带来的社会阶层分化以及由此引发的不公平现象，成为亟待解决的问题。首先，教育是打破技术垄断的重要途径。通过普及高质量的科技教育，提升公众的技术素养，可以减少由于技术复杂性带来的不平等。其次，政府和社会需要加强对技术发展的监管，确保技术在社会中的公平应用，防止技术被少数人或企业所垄断。最后，还应建立健全的社会保障体系，为那些在技术变革中受到冲击的群体提供支持和保障，帮助他们适应新技术带来的变化，避免其被边缘化。

总之，人工智能技术的复杂性不仅推动了社会的进步，也在无形中加剧了社会的分化与不公平。要解决这一问题，需要全社会的共同努力，通过教育、监管和保障机制，确保技术发展为社会全体成员带来福祉，而不是进一步加剧社会的不平等。

三、人工智能的技术依赖性

人工智能将使得经济社会的发展对技术的依赖加深，同时会改变公众对技术认知的程度。例如，人工智能技术的广泛使用和对其依赖程度的加深给大众带来了认知浅层化的风险，进而可能对人类主动思考的机会与深度产生负面影响。这一现象不仅会抑制抽象逻辑与批判性思维能力的发展，还可能给科学研究与教育事业带来巨大的挑战。① 在当今社会，人工智能已广泛渗透到我们生活的各个方面，从自动化的客服系统到复杂的数据分析平台，几乎无所不在。虽然这些技术在一定程度上提高了效率，但也导致人们习惯于依赖人工智能处理信息并做出决策，逐渐减少了主动思考和深入分析的机会。这种趋势可能削弱人类大脑进行复杂推理的能力，使之失去解决问题的本领。抽象逻辑和批判性思维是科学探索创新的核心驱动力，然而，人工智能的普及可能抑制这些关键思维方式的发展。当人们依赖人工智能进行数据分析与推理时，往往会忽视对数据背后逻辑的深入理解。

人工智能的结论虽然基于复杂的算法而得出，但其过程对于普通用户来说是不可见的，甚至是不可理解的。这种"黑箱效应"可能让用户在面对复杂问题时，选择依赖人工智能的结论而不是自己的推理过程，从而导致批判性思维能力的退化。同时，科学研究有赖于人类对未知领域的探索精神和创新思维。然而，随着人工智能在科研工作中的广泛应用，研究人员可能倾向于将更多的任务交给人工智能来处理。这种趋势虽然能加快研究进程，但也可能导致研究人员对工具的过度依赖，减少了他们在科学问题上进行深入思考与独立探索的机会。例如，在数据密集型科研领域，研究人员可能更倾向于依赖人工智能进行数据筛选和分析，而忽视了对数据的批判性审视。这种现象可能会导致研究过程中的思维懒惰，进而限制了科学求索的精神追求。在教育领域，人工智能的影响尤其值得关注。教育的核心在于培养学生的思维能力，并促进批判性思维的养成，而随着人工智能在教育实践中的应用，学生可能越来越依赖智能工具来完成作业、解决课业问题，而不是通过自己的思考得出结论。这种趋势可能导致学生思维能力的退化，特别是在涉及抽象逻辑和复杂推理的学科中。此外，人工智能的应用还可能改变教学方法。教师可能更依赖于智能教学系统来进行课堂管理和个性化教学，从而减少了与学生之间的互动。这种变化将会削弱学生的学习动机和参与感，进一步加剧认知浅层化的风险。

综合以上方面，人工智能对经济社会层面的潜在影响，不仅仅体现在通过认知浅层化影响个体的思维能力和层次，还可能对整个社会的创新能力产生负面影响。一旦一个依赖于人工智能技术而非人类智慧的社会出现，则无法避免在面对复杂的社会问题时创造力和批判性视角的缺乏，这将对经济社会发展带来深远的阻滞，因为创新是推动人类向前的最重要动力。如果社会中大量的人

---

① 王思遥、黄亚婷：《促进或抑制：生成式人工智能对大学生创造力的影响》，《中国高教研究》2024 年第 11 期。

失去独立思考和创新的能力，经济增长将面临瓶颈。针对以上这些问题和挑战，社会需要在技术发展与人类思维能力的培养之间找到平衡。教育机构和科技公司应共同努力，确保在推广人工智能技术的同时，不可忽视对抽象逻辑和批判性思维的培养。例如，教育系统可以引入更多的项目式学习和跨学科研究，让学生在实际问题中锻炼思维能力。此外，科技公司应致力于开发透明、可解释的人工智能系统，帮助用户理解人工智能的决策过程，进而提升他们的批判性思维能力。

人工智能的快速发展为人类社会带来了前所未有的机遇，但也伴随着技术依赖加深和认知浅层化的风险。这些风险不仅对个体的思维能力构成威胁，还可能对科学研究和教育事业带来长期的负面影响。因此，在享受人工智能带来的便利的同时，必须采取积极措施，防止抽象逻辑和批判性思维的退化，确保人类智慧在技术飞速发展的时代得以持续发扬光大。

第三节　意识形态风险及政治安全隐患

人工智能在意识形态和政治安全领域带来的风险隐患亦日益显现。人工智能技术可能被用于政治宣传和舆论操控，尤其是在社交媒体及新闻传播中，通过自动化的信息过滤机制，生成特定舆论导向的信息资料，影响公众的观点和情绪，甚至制造虚假信息，从而干扰政治决策和民主过程；在数据收集和使用过程中则可能导致个人隐私的侵犯。如此，人工智能的快速发展将可能加剧不同国家、不同意识形态之间的对立竞争，引发新的地缘政治冲突和新型安全隐患。

一、算法的意识形态

算法技术的发展与应用正深刻影响生产方式和社会实践，进而产生了新的意识形态特征。这一过程表明，算法不仅仅是中立的工具，其设计和应用都携带着特定的社会、政治、文化价值观。算法作为一种新型意识形态，正在潜移默化地重塑人们的认知和行为模式，形成了所谓的"算法利维坦"[①]。这一概

[①]　张爱军：《"算法利维坦"的风险及其规制》，《探索与争鸣》2021年第1期。

念包含了两大核心方面：控制意识形态传播渠道和影响意识形态认同。"算法利维坦"一词借鉴了霍布斯（Thomas Hobbes）的经典政治哲学概念，意指算法技术在现代社会中，逐渐演变为一种控制和管理机制，不仅参与国家的治理结构中，更成为个人生活中无处不在的支配力量。这种力量体现为通过算法的选择与推送，控制人们接触信息的渠道，甚至在一定程度上决定了人们所相信的意识形态。

在全球范围内，人工智能的快速发展对世界各国的社会结构和政治体系产生了深远影响，因此需要深入探讨算法的意识形态属性以及其带来的政治安全风险。人工智能算法的意识形态属性，表明其并不仅仅是技术工具，同时在设计、开发和应用过程中反映出开发者的价值观和预设目标。算法在本质上是人为设计的产物，其背后的逻辑规则，潜在地体现了设计者的社会认知和意识形态倾向。在当今信息化社会中，算法掌控了大量的传播渠道，如个性化推荐系统通过分析用户的浏览记录、搜索行为和互动模式，决定用户能够接触到哪些内容。这种信息推送机制看似提高了效率，实际上大幅减少了信息的多样性，使人们逐渐被局限在某个特定的"信息茧房"中，无法接触到多元的观点。这种现象的背后是算法对信息的主动过滤。由于算法的设计目标是最大化用户参与度，因此其倾向于向用户推送他们更可能感兴趣的内容，这种内容往往是与用户已有认知相符合的。

在这一过程中，算法选择性地屏蔽了可能引发认知冲突的不同意见和信息，逐步限制了个体对外界复杂世界的理解范围。这不仅影响了信息传播的广度，也在潜移默化中改变了人们对现实的认知，塑造了特定的意识形态。换言之，算法的运行结果并非完全中立，而可能会受到开发者偏见、目标设定等因素的影响。在算法设计过程中，决策机制的选择、数据的预处理方式以及参数的设定，都会或多或少体现出开发者的立场。例如，在社交媒体平台的推荐系统中，算法会根据用户的历史行为进行信息推荐，在这个过程中对某些内容的偏向性推送可能会加强对特定类别意识形态的影响，从而削弱多元观点的传播。算法在这些场景下的表现并非偶然，往往带有设计者对于社会、经济或政治的特定理解与设想。算法对意识形态传播有一定影响，特别是在信息传播中的影响尤为显著，已为现代社会所公认。

个性化推荐系统是现代信息分发的重要手段，通过分析用户的历史数据，算法能够预测其"喜好"，从而推送"符合口味"的内容。这种机制一方面提高了信息获取的效率，但另一方面却使用户被困在与其已有观点和偏好一致的内容中，减少了接触不同视角和培养批判性思维的机会。长此以往，社会分裂和极端主义的滋生可能进一步加剧。当个人只接触到与其立场相符的信息时，其可能忽视其他信息存在的合理性与多样性，单向度的信息流使得不同群体间缺乏交流与共识，进而会导致社会分化。尤其在政治敏感时期，如选举或社会运动期间，算法对于信息推送的偏向性可能助长极化倾向，影响社会的稳定性，从而危害国家安全。

算法不仅仅控制人们能够看到的信息类型，它还更深层次地影响了人们的认知结构和意识形态认同。通过反复向用户推送特定类型的信息，算法能够塑造人们对社会、政治、文化等问题的理解与判断，甚至在无形中改变了人们的价值观与信仰，这种影响的深远性体现在对个体判断力的逐步侵蚀。人们习惯于依赖算法提供的"个性化"信息，而忽视了对这些信息进行独立的分析判断。久而久之，个体的批判性思维能力被削弱，对外界的认知变得单一和片面。这种算法主导下的意识形态形成机制，不仅改变了个人的认知模式，也对整个社会的思想多样性构成了威胁。算法不仅有意识形态偏向的风险，还可能继承甚至放大社会中的现有歧视和偏见，这在人工智能算法的训练数据中尤为明显。

算法依赖于对历史数据的深度学习，而这些数据往往承载了社会中已有的不平等现象。例如，在招聘和信贷审批等领域，算法可能会不自觉地沿袭并放大数据中的偏见，从而对某些特定群体产生不公平的决策结果。这类算法歧视的例子屡见不鲜，例如某些公司在招聘过程中使用的算法被发现倾向于排斥女性申请者，又如贷款审批算法对少数族裔有较高的拒绝率。这种情况不仅损害了社会的公平性，还可能引发社会不满，导致政治动荡和社会不安。如何确保算法在设计和应用中公平无偏，成为技术伦理和政治安全的重要课题。

更为严重的是，算法不仅控制了信息的传播渠道和认同过程，还通过改变意识形态的生成路径，塑造了新型的社会价值观。这种路径的变革体现在技术手段与社会治理的深度融合，使得算法逐渐成为社会秩序与权力结构中的重要组成部分。传统的意识形态生成依赖于政治、文化和社会力量的直接干预，诸如教育、媒体和文化产品等，都是塑造社会价值观的重要工具。然而，随着技术的迅猛发展，算法在其中的角色逐步凸显，成为意识形态生成过程中的重要力量。在算法主导的信息环境中，意识形态不再由传统的权威机构单方面传递，而是通过算法在数据处理和信息推送中的"隐性逻辑"，不断渗透到个体生活中的方方面面。新型意识形态的生成路径不再依赖于具体的政治宣传，而是通过算法对信息的"选择性呈现"，在无形中重塑人们的世界观和价值判断。

算法技术的普遍应用不仅在个体层面产生了意识形态效应，还在社会治理中成为一种新的合法性来源。政府和大型企业越来越多地依赖算法进行决策，诸如智能城市管理、社会信用评分系统等，都显示出算法在社会治理中的巨大潜力。这种现象使得算法逐渐成为社会秩序的重要维护力量，其高效性、精准性以及科学性往往被用作算法治理的合法性依据。然而，这种依赖算法的治理模式也引发了关于透明度和公平性的质疑。因为，算法的设计与运行往往缺乏足够的透明性，个体无法确切了解算法在背后是如何进行决策的。这种"算法黑箱"现象不仅削弱了公共信任，算法权力分配的不平等性也加剧了社会中潜在的权力不对称。

因此，如何确保算法在社会治理中的公平性和透明度，成为当代技术治理的重要挑战。"算法黑箱"现象带来了显著的透明度模糊和可解释性难题。缺乏透明度使得算法的设计、运行和结果难以被外界审查，甚至算法的开发者也未必能够解释其具体的决策依据。这种不可解释性增加了算法被滥用的可能性，同时也使得社会公众和监管机构难以评估算法的公平性、安全性和合法性。在某些应用场景中，如司法系统、金融系统等领域，"算法黑箱"现象可能带来极其严重的后果。如果一个算法在金融市场中做出不透明的决策，或是在司法审判中对案件做出不公平的推理，将可能导致不可原谅的错误。

如何提高算法的可解释性，保障其透明度，成为一个亟待解决的核心问题。除了透明度问题外，算法的安全性也是政治安全中的一个重要基础。从技术层面来看，算法的设计过程可能存在"后门"，即某种未经授权的访问通道或数据操纵手段，允许特定主体通过操控算法达到特定目的。某些后门可以被恶意利用，尤其在政治敏感的应用中，如选举、国家安全事务、舆论操控等场景。例如，选举期间，如果某一推荐算法或社交平台算法被恶意操控，将可能通过操纵信息流动影响选民的判断，进而影响选举结果。再如，网络攻击者可能利用算法漏洞进行大规模网络攻击，导致国家关键基础设施遭受损害。这些"算法后门"及潜在的安全风险直接威胁国家安全，因此在算法设计中如何保证其安全性、防范潜在攻击，成为至关重要的议题。

二、由数据缺陷和算法偏见引致的政治风险

如前所述，随着人工智能技术的广泛应用，作为人工智能运行基本要素的算法，在社会、经济和政治生活中扮演的角色越来越重要。在某些情况下，算法甚至被设计为推广特定的意识形态或价值观。这种"算法化"的现象指的是，算法不仅仅是技术工具，而且成为意识形态传播的媒介。在全球化和网络

化的背景下，不同文化与价值观的碰撞变得更加频繁，算法的这种意识形态化倾向可能会加剧国际间的矛盾对抗。例如，某些国家可能通过控制信息流通的算法工具，限制外来意识形态的传播，甚至通过算法在社交媒体上推广本国的特定价值观，从而加剧全球范围内的意识形态冲突。

随着算法技术的广泛应用，其给意识形态认同带来的风险逐渐显现。尤其在政治安全领域，算法的滥用将导致意识形态极化，甚至引发社会动荡。算法不仅能够被用来筛选涉政信息、塑造政治认同，还有可能被用作操控工具，影响公众对政治、文化等问题的判断与选择。其中一个重要的渠道是算法在社交媒体中的广泛应用，促进了"政治极化"现象。其具体步骤是：通过个性化推荐系统，使用户接触到的信息与其已有的政治立场相符，这进一步强化了其已有的政治信仰，削弱了对其他立场的理解与包容。这种现象在社交媒体平台上尤为明显，当人们沉浸在"信息茧房"中时，原本应有的政治对话与思想交流被阻断，政治立场的两极分化愈加严重。算法推动的政治极化现象不限于某些特定国家，而是一个全球性的问题。在某些情境下，极端主义者利用算法对特定群体进行定向政治宣传，进一步激化了社会政治分歧。而矛盾产生的过程不仅削弱了社会的凝聚力，还对政治稳定构成了潜在威胁。

除了潜在的政治极化风险，算法还可能被恶意地用作意识形态操控工具。在某些国家和地区，政府当局或利益集团可以通过控制算法，操控公众舆论。例如，利用算法系统优先推荐某些特定的信息内容，或通过操控社交媒体平台上的信息流动，影响公众对政府政策的看法。这种算法操控现象不仅侵害了公民的知情权，还削弱了社会的民主参与基础。算法操控的隐蔽性和高效性使其成为一种强大的意识形态工具。通过对算法的设计和调整，信息操控者能够在幕后影响公众的观点，而不易被察觉。此类现象加剧了公众对技术治理的担忧，也引发了关于算法监管的呼声。

第四节　国家竞争力风险

人工智能是发展新质生产力的重要引擎，不仅是高质量发展的推动力，而且在科技创新、国防建设中都发挥着重要的作用。目前，ChatGPT、Sora 等里程碑式技术创新均由主要发达国家创造、领跑，其他国家尚处于"跟跑"的阶段。整体而言，我国等发展中国家尚有极大提升空间。

一、人工智能时代国家竞争力表现

在人工智能全球竞争中，中国面临一系列复杂的挑战与机遇。人工智能不仅是推动新质生产力发展的关键引擎，也是高质量发展的核心推动力，尤其是在科技创新和国防建设中具有重要作用。当前全球人工智能的发展格局显示，西方各国已经在技术创新、人才积累、数据资源和算力等关键领域占据了领先地位。在此背景下，深入分析中国在人工智能背景下的国家竞争力风险，可以更好地理解当前的形势与未来的发展路径。当前，人工智能是新一轮科技革命和产业变革的核心驱动力，对于推动经济社会高质量发展有着不可忽视的作用。具体来看，人工智能技术在制造业、金融、医疗、教育等领域的应用正不断渗透拓展，不仅能够显著提升生产效率，还能够创造新的产业发展与就业机会。通过自动化、智能化的技术应用，人工智能为传统产业注入了新的生命力，推动转型升级。

中国作为世界第二大经济体，正在积极推动人工智能技术的应用和发展。国家竞争力的提升依赖于一系列关键因素，中国在人工智能领域面临的竞争力风险是多方面的，主要包括技术创新乏力、高端人才短缺、数据治理与国际标准话语权等方面的建设仍需提升等问题。如果这些风险无法得到有效应对，可能会制约中国在全球人工智能竞争中的地位，并影响国家的长期发展。

人工智能的发展高度依赖核心技术的创新与突破。目前全球人工智能技术的核心算法、硬件设备（如大模型技术专用芯片）等依然被少数西方国家掌控，尤其是美国在这些领域占据绝对主导地位。中国的人工智能技术虽然在应用层面取得了一些进展，但在核心技术层面仍然存在较大差距。例如，先进的人工智能芯片（晶圆）仍然主要依赖进口，芯片生产能力与技术水准与国际顶尖水平存在差距。技术受制于人的局面将极大限制中国在人工智能领域的自主性和独立性，尤其是在国际竞争加剧和技术封锁趋势日益显现的当下。如果中国无法在核心技术上实现突破，未来在关键时刻可能会面临严重的供应链危机，影响整个人工智能产业的可持续发展。因此，加强自主创新，加大对基础科研的投入，尤其是在基础算法、先进芯片和智能系统等领域进行战略布局，是提高中国人工智能竞争力的首要任务。

人工智能的发展高度有赖于高端人才的支持。当前，人工智能领域的顶尖人才主要集中在美国和欧洲，中国在人才储备方面面临严峻挑战。虽然中国每年培养出大量计算机科学和工程领域的毕业生，但在人工智能前沿研究和应用方面具备国际竞争力的高端人才却十分稀缺。高端人工智能人才的不足限制了中国在人工智能技术上的突破能力，并使得大量企业依赖引进国外技术与人才。此外，中国的人工智能人才培养机制也存在一些不足。目前国内高校和科研机构的人工智能课程设置与研究方向尚未完全与国际前沿接轨，导致学生难以掌握最新的技术动态与研究方法。同时，企业与高校之间的合作还不够紧密，缺乏完善的人才培养与输送链条。这使得中国人工智能人才的培养未能满足产业发展的需要。未来，中国需要建立更加完善的人工智能人才培养机制，加强国际人才的引进与合作，提升自身的人才储备与竞争力。

人工智能的发展还依赖于海量数据的支持，数据资源被视为推动人工智能算法训练和优化的关键。然而，随着全球数据治理的要求日益严格，如何在保持数据流动性的同时，保护数据隐私与安全，成为各国面临的重要挑战。中国在数据资源上具有一定的优势，但在数据治理方面尚未形成完善的法律与监管体系，特别是在跨境数据流动、数据隐私保护方面，存在较大风险。当前，国际社会对数据隐私的要求越来越高，中国企业在全球业务扩展中面临合规性挑战，尤其是在欧盟的《通用数据保护条例》框架下，许多中国公司需要花费大量资源进行调整优化。如果无法有效地应对数据治理与隐私保护的挑战，可能会影响中国企业的国际竞争力，并限制中国原创的人工智能技术在全球范围内的应用和推广。

因此，未来中国需要建立更加完善的数据治理机制，同时加强与国际社会在数据领域的合作，推动数据治理的国际化进程。国际标准的制定在人工智能发展中具有至关重要的战略意义。当前，全球人工智能技术标准的制定主要由西方国家主导，中国在国际标准制定中的话语权相对较弱。标准的制定不仅决定了技术的未来走向，也关乎各国在全球人工智能产业链中的地位。如果中国无法在国际标准制定中获得足够的影响力，可能会在未来的技术竞争中陷入被动。此外，标准话语权的缺失也影响了中国在国际市场上的竞争力。例如，在智能制造、自动驾驶等领域，全球领先的技术标准往往由发达国家设定，中国企业在这些领域参与国际竞争时面临更多的技术性壁垒。因此，中国需要积极参与国际人工智能标准的制定，推动自身技术标准的国际化，确保在全球人工智能产业链中的地位与竞争优势。

二、人工智能时代国家竞争力提升

在人工智能时代背景下，国家竞争力的提升已经成为全球各国关注的重点。人工智能作为一项具有深远影响的革命性技术，正在推动各国经济、科技、军事等多个领域竞争格局的深刻变化。

第一，人工智能推动科技创新，增强国家的技术创新能力。随着人工智能技术的发展，特别是在深度学习、自然语言处理、计算机视觉等技术领域的突破，有关国家能够在技术创新上获得领先优势。这不仅能够帮助这些国家加快研发进程、提高研发效率，还能够推动全新技术的诞生，尤其是在生物医药、能源、环保等前沿领域，从而提升国家的科技竞争力。例如，人工智能在药物发现、基因组学等领域的应用，已经使得各国在生命科学和医疗技术上取得了显著进展。第二，人工智能可以推动经济转型，增强国家的经济增长动力。有关国家可以通过自动化、智能化提高生产效率，降低劳动成本，同时也促进了新兴产业的发展，带动传统产业的升级换代。尤其是在制造业和服务业领域，人工智能技术的应用能够显著提高生产力，推动"智能制造"与"智慧服务"成为经济发展的新引擎。第三，人工智能可以促进社会治理能力的加强，提升国家的管理效率。人工智能技术能够提高政府管理的效率与精准度。在公共安全、交通管理、环境保护等领域，人工智能技术通过大数据分析和实时监控，可以帮助政府实现智能决策和高效执行。第四，人工智能在军事领域的应用可以提升国家的国防竞争力。人工智能不仅能够提升军事装备的智能化水平，还能够在作战指挥、情报收集与分析、无人作战等方面带来革命性的突破，使有关国家在军事领域的作战能力得到极大增强。未来，人工智能技术必将成为军事实力竞争的新焦点，使有关国家在智能战争中占据优势地位，全面提升国家的战略安全能力。

近年来，中国在智能制造、智慧城市、无人驾驶等技术场景取得了长足进展。然而，中国的人工智能技术在核心算法、硬件基础设施以及顶尖人才培养上仍处于劣势。要进一步提升国家竞争力，中国必须更加关注人工智能技术的自主研发，尤其是在芯片设计、算法创新和数据安全等领域，建立自主可控的技术体系。人工智能的应用不仅是经济增长的催化剂，还能够促进经济结构的优化和产业升级。通过人工智能技术的引入，企业可以更精准地分析市场需求、优化生产流程、提高资源利用率，从而实现高效率、低消耗的发展模式。这与中国当前追求的高质量发展目标高度契合。但在高质量发展的过程中，人工智能技术的普及和应用仍面临诸多挑战。中国的中小企业在数字化转型方面起步较晚，技术积累相对薄弱，这导致人工智能技术在不同产业中的应用进展不均衡。另外，相关技术的商业化应用需要大量的数据支持，而中国虽然在数据资源上具备优势，但数据治理与隐私保护方面的法律法规还不够完善，预计需要建立更加可靠的数据管理体系，平衡好技术创新和隐私保护的关系。此外，在国防建设方面，人工智能技术的引入为军事领域带来了全新的变革，催化了无人作战、智能指挥、信息战等战斗力生成环节的演进，提升了军事装备的自动化和智能化水平。目前，中国正在加速推进人工智能在国防领域的应用，以期在未来的全球军事竞争中发挥战略优势。然而，西方在国防人工智能技术研发方面已经取得了显著进展，尤其是美国，在人工智能赋能的军事系统研发和应用上领先全球。中国虽然在国防人工智能领域投入了大量资源，但仍需克服技术封锁和人才限制等障碍，加强军民融合，推动更多的人工智能技术在国防领域实现突破，确保在未来的军事竞争中不落下风。

在全球人工智能竞争的背景下，中国面临着一系列国家竞争力风险，包括技术依赖、人才短缺、数据治理不足以及国际标准制定话语权的缺失。尽管中国在人工智能技术的应用和发展上已经取得了一定进展，但要在未来的全球竞争中占据优势，仍需加大基础研究投入，提升自主创新能力，完善人才培养机制，并加强国际合作。需要明确，人工智能不仅是中国提升未来国家竞争力的重要引擎，也是确保国家安全的关键因素。通过应对这些风险，中国有望在全球人工智能竞争中进一步提升竞争力，推动国家综合实力的全面提升。

第五节　"内生—衍生"框架下的安全风险

人工智能技术的快速发展为社会、经济和科技带来了前所未有的机遇，但也带来了潜在的安全风险和隐患。随着人工智能技术的普及应用逐步渗透到各个领域和行业，安全问题变得更加复杂、更加多元。[①]

一、内生安全风险维度

内生风险是指人工智能技术本身的风险，这种风险在技术的设计、开发和应用过程中内在存在。典型的内生风险包括算法的不透明性、数据隐私泄露和系统失控等问题。其一，算法的不透明性体现在复杂的人工智能模型中，特别是深度学习算法，往往表现为"黑箱"，其内部决策过程难以被理解。这种不

---

① 齐硕等：《全球视野下人工智能战略布局与未来展望》，《世界科技研究与发展》2024 年第 4 期。

透明性增加了风险，尤其是在高风险领域，如医疗、金融等，错误决策可能带来严重后果。其二，数据隐私泄露体现为人工智能系统需要大量数据进行训练，这些数据往往包含敏感的个人信息。一旦这些数据被滥用或泄露，可能会导致严重的隐私问题。即便是合法获取的数据，也可能因为不当使用引发道德争议和社会抗议。其三，系统失控风险体现为人工智能系统的复杂性，意味着其运行可能会出现意想不到的情况，导致系统失控。

从主观、客观的风险来源角度看，人工智能带来了多维度的挑战。主观风险来源主要涉及人类在设计、开发、使用人工智能技术时的错误和偏见。由于人工智能是人类设计的工具，因此每一个设计决策都可能带有开发者的价值观和主观倾向。在人工智能系统的开发研制过程中，开发者可能无意中嵌入自己的认知偏差，虽然这种偏差是主观上的，但却能够通过技术手段被放大并系统性固化。如果人工智能系统在设计阶段存在逻辑错误或安全漏洞，那么它在应用过程中可能会带来重大安全隐患。许多安全隐患通常难以在开发初期被完全发现，而一旦投入使用，错误可能会导致无法挽回的后果。例如，自动驾驶汽车系统的代码错误可能导致对路况的误判，从而酿成交通事故。使用者对人工智能的滥用也是一种主观风险。用户可以出于个人利益或恶意目的，利用人工智能进行攻击、操控或欺诈。比如，深度伪造技术可以被用来制造虚假视频，损害个人隐私和公众信任。更有甚者，恶意软件和黑客攻击可以通过操控人工智能系统，危害社会安全。

客观风险来源主要涉及人工智能技术自身的特点及其应用环境的不确定性。这种风险并不依赖于人的主观意识，而是由于技术本身或其所处的环境所引发的安全隐患。

人工智能系统的有效性依赖于训练数据的质量。如果训练数据存在噪声、不完整性或来源错误，则可能导致模型在实际应用中表现不佳。这种风险在自动化决策系统中表现尤其明显，错误的数据输入可能导致医疗误诊、金融市场波动或工业生产事故。此外，人工智能技术在现实环境中面临复杂且多变的情况，可能无法完全适应。例如，在无人驾驶系统中，天气、道路条件等多种因素都会影响算法的稳定性和可靠性。即便是经过良好训练的系统，也可能在极端环境下表现失常，从而带来安全威胁，难以确保其在所有状况下的安全稳定。

二、衍生安全风险维度

衍生风险是由人工智能技术的应用所引发的社会、经济和伦理层面的连锁风险。这类风险并非直接源自技术本身，而是其在社会体系中的广泛应用引发的结果。例如，社会失业问题。大规模应用人工智能可能导致大量低技术岗位被替代，造成失业问题，进而引发社会动荡。这是人工智能应用带来的长期社会风险，需要政策和经济体系的适应与调整。又如，伦理道德挑战。随着人工智能在医疗、法律、军事等领域的深入应用，带来的伦理道德的挑战愈发明显。技术决策是否符合伦理？如何确保其不会违背人类的基本价值观？这些问题亟待明确的法规和政策指引。人工智能技术的安全风险来源多样，既有主观因素的影响，也有客观技术的不确定性和主—客观交互作用导致的复杂性。对这些风险的有效应对，要求社会各界共同努力，从技术、法律、伦理等多方面入手，确保人工智能的应用既能推动社会进步，又不会带来无法控制的安全隐患。

"主—客观"结合的风险来源是指由主观与客观因素交织引发的风险。在人工智能领域，这些风险通常涉及在技术的设计和应用过程中，由人类主观决策与客观环境共同作用产生的复杂结果，具有典型的衍生安全风险性质。其一，人工智能技术的应用受到社会、文化和政治环境的影响。在某些文化背景下，人们可能对技术的使用方式和价值观存在差异。这些差异又通过政策、法律、伦理等主观因素，影响到人工智能的客观表现。例如，不同国家的政府在应用人工智能技术时有不同的法律要求，导致同样的技术在不同地区表现出不同的风险程度。其二，由于社会资源分配不均衡的放大，社会经济的不平等现象进一步加剧，具有典型的衍生安全风险性质。其背后既包含客观的技术推进速度，也包含主观的政策、经济体制等因素。例如，富有的企业和个人可能更容易获取先进的人工智能技术，而贫困人口和落后地区则可能因缺乏技术资源而陷入更加不利的境地。"主—客观"结合的风险模式导致社会阶层的进一步分化。

与此同时，人工智能的广泛应用带来了道德困境与法律难题，如"人工智能电车难题"，这在责任认定中引发了复杂的挑战。① "电车难题"是伦理学中

---

① 王前：《"电车难题"的"道德物化"解法》，2020年9月1日，中国社会科学网，http://sscp. cssn. cn/xkpd/kxyrw/202009/t20200901 _ 5177231. html。

的经典问题，用以探讨在道德困境中如何进行合理决策。在人工智能时代，类似的道德难题经常被提及。例如，无人驾驶汽车在面对无法避免的事故时，应如何做出选择：是保护乘客还是保护行人？这一问题的复杂性在于，当人工智能系统面对类似的两难境地时，如何进行决策，以及在事故发生后，责任应该由谁承担。人工智能系统本身并无道德感知和价值判断，其决策通常基于预设的算法规则和优化目标。如果在事故中有人员伤亡，如何界定责任归属者——是开发者、使用者，还是制造商？责任认定的困境不仅是法律上的挑战，也涉及道德伦理和社会价值观的冲突。在法律尚未明确规定的情况下，人工智能系统的错误陷入责任真空，难以给受害者和社会公众一个满意的解释。

第五章　人工智能安全治理

当今世界，新一轮科技革命正加速推进，人工智能技术的发展不断超乎人们的预期，对人工智能安全治理问题的研究也越来越"热"，相关论题日益成为理论界关注的焦点和实务界探索的热点。随着以 ChatGPT 为代表的生成式人工智能大模型技术问世，^① 在技术逐步实现深度运用的同时，由此产生的内源性或衍生性安全风险问题更加凸显。因现阶段人工智能大模型强大的技术能力，以及未来更加不可预料的能力生长，尤其是其深度嵌套于社会治理，逐渐延伸到日常生活的每个角落，这一理论问题兼具重要的实践价值。

安全学学科在我国尚属于新兴领域，因此，以安全理论之"镜"去观察人工智能之"动"，既是自然科学问题，也是社会科学问题。人工智能既蕴藏着巨大潜力，同时也面临多重治理困境，研究的理路和框架都亟待时间与实践的检验，并不断与之适配。但有一点必须明确：即便人工智能技术与安全治理问题都属于复杂性范畴，对人的终极关怀始终应该是其出发点和落脚点。

前人对相关问题已经做了一定研究，主要围绕两大方面：一是关于技术与安全、技术与人性的理性思辨，将对安全治理相关问题的思考提升到了哲理层面。作为研究新兴科技与安全总体性关系的传统理论分析框架，可以看出，技术本质上是物化了的理性的力量，它显示的是人类力量的外化，体现着人性的价值意向。虽然科学精神探求自然规律的准确性、客观性，并按学科领域进行体系化诠释，但仍然不能分割其人文性，等等，这些都是难能可贵的。当然，由于时代的局限性，对人工智能技术及其安全治理活动的关注、表征亦是十分有限的。二是近几年来，随着新科技浪潮方兴未艾，国内外学界聚焦于人工智能的发展和治理问题。在军事安全、政治安全、文化安全等具体应用领域，提出了安全预警与对策建议，并且明确提出要保障人的权益及隐私等理念。这使理论研究大步向前推进，具体问题的研究不断深化。然而，前提性批判还远远

---

① 一般认为，大模型技术是继感知智能、认知智能之后，"智能涌现"阶段更新颖的人工智能模式。而 ChatGPT 智能工具是这一技术时期较有代表性的技术应用之一。

不够，最重要的是要站稳以人为本的立场，而不仅是在技术发展时兼顾人的安全需求。

笔者团队认为，无论从理论逻辑、技术逻辑还是世界逻辑入手，人的向度都应进一步彰显并挺立。人作为国家安全治理的操作者、受益者、责任者，一体三面，对应相互交叉的逻辑维度，并形成统一整体。在人工智能国家安全治理的大问题框架下，对人的属性和需求的讨论应进一步引向深入。基于此，本章提出相应对策建议，认为应大力加强有关人工智能安全治理的专门研究，优先做出政策制度预置，在风险情境中学会识别风险、处置风险，以国家安全治理为首要，综合强化人工智能安全治理的能力和体系，等等。

第一节　坚持以人为本

"工人要学会把机器和机器的资本主义应用区别开来，从而学会把自己的攻击从物质生产资料本身转向物质生产资料的社会使用形式"[①]，也就是说，首先要通过廓清相关研究对象，为后续更深入的研究乃至综合安全治理实践提供有针对性的对策建议。

人工智能的安全治理本质上是强化科技伦理，综合落实监督机制和措施，最终增进人类福祉。以人为本是安全治理的根本原则，贯穿安全治理活动的主线。比如，在智能交通系统中，自动驾驶技术的应用旨在减少交通事故、提高出行便利性，但如果因为技术本身的漏洞导致使用者生命安全受到威胁，那就违背了其初衷和原则。只有坚持以人为本，充分考虑人的利益与需求，尊重人的权利与尊严，才能实现人工智能与人类社会的和谐共生、共同发展。

当前，随着 Midjourney、ChatGPT、Sora 等生成式人工智能的横空出世，通用人工智能落地实现的脚步不断加快，大大超过社会预期，人工智能对人类世界的观察、认知、交互，特别是建立常识及创造知识的速度不断刷新纪录。尽管到目前为止，人工智能还取代不了人类的想象力和创造力，机器本身没有替代人类的主观意愿，也没有消除人的主观能动性，但是，要掌握应对风险的主动权就必须做到未雨绸缪，因此建议组织专业力量加强先导研究。特别需要

---

① 马克思：《资本论》第 1 卷，《马克思恩格斯文集》第 5 卷，中共中央马克思恩格斯列宁斯大林著作编译局编译，北京：人民出版社 2009 年版，第 493 页。

提及的是，人性是最复杂、最难捉摸、最难甄别的一种主观质态，以人为本需尽可能地懂技术、懂人，还要懂技术与人的耦合。否则，用以往技术革命中的某种经验和理论去生搬硬套，很可能在人工智能浪潮的当下，既不懂人也不懂技术。同时，建议加强政策规划和立法规制的前置设定，在现代社会安全治理中，明确哪些问题能够进入政策和立法议程，往往比确定解决办法更重要。因此，要做到以人为本，就必须在治理实践层面优先考虑，优先做出政策制度安排。政策及法律可以随着客观实践的发展不断调整优化，但先立的意义和作用显然要优于滞后。

现阶段比较务实的做法是不要把人工智能所产生或衍生的安全问题当成"鲨鱼"，而是当成"海洋"——熟悉风险、适应风险，"在战争中学习战争"。一方面要有效识别风险。与人工智能相关联的安全风险既有显性风险也有隐性风险，军事安全、政治安全是显性的国家安全，经济安全、意识形态安全则是隐性的社会安全，"算法从幕后走向前台，成为当下精神生产直接面对的技术逻辑"[①]。在该领域，要坚守以人为本的底线，凡是违背以人为本的事物和逻辑，都应该被囊括在"大安全"的风险范畴之内。另一方面要学会处置风险。严格意义上说，学会处置风险并不等同于科学处置风险，但学会处置风险是科学处置风险的前提与保障。"学会"的根本路径是善用技术、善用人。如果单纯地依赖某种外部力量去实现国家安全治理，其效果可能既不可靠也不长久。建议运用"技术管技术、技术制约技术"的思维，培养技术应对风险的自适应能力——技术的发展与安全不是事物的两面性，而是事物的一体两面。当然，更重要的是看到风险的同时更看到机遇。无论是应对风险还是抓住机遇，核心要件都是"硬核人才"和"硬核技术"。目前在人工智能国家安全治理领域，我们的人才高度和密度还不够，随着通用人工智能技术的跳变、跃迁，我们面临着大模型技术走向垂直化、产业化、行业化的巨大机遇，此时，人才和技术本身的硬核实力是最关键支撑。

关键是形成总体性治理的"人的能力"，特别是优化从人性出发的人工智能安全治理能力。由于人工智能社会情境下国家治理面临的跨界性和复杂性困境，单一管控模式恐难以适应整体性安全治理的现实需要，亟须转向多方参与、国家主导的整体性治理模式，形成总体性治理能力。建议提高"两个能力"，切实保障人的主体性地位和权益，真正实现以人为本。为达到此目标，

---

① 刘伟兵：《算法的意识形态与意识形态的算法》，《深圳大学学报（人文社会科学版）》2024年第1期。

一是要围绕人的安全需求提升制度能力，加强治理规则的建构与维护能力，要体现前瞻性，制度建设能力不能落后于可预见的技术发展能力。二是要以人的安全为原点改善协同能力。现代社会安全风险的全民性和无差别化意味着当代安全治理的组织间网络不仅是一个政府系统内部的府际合作网络，还需要国家与社会进行有效的协同联动，发挥多元治理主体各自的能力优势。

第二节　加强顶层设计

20世纪中期，美国科幻作家艾萨克·阿西莫夫（Isaac Asimov）提出了著名的"机器人三大定律"①。自此开始，以机器人为代表的早期人工智能形态必须听命于人，或不能反噬人类的论点构成了人工智能与人类安全关系的底线，其目的就是警示机器智能体可能给人类带来的威胁。如今，一系列真正的、紧迫的安全问题也逐渐浮出水面，包括但不限于数据泄露、算法偏见、技术滥用等。人工智能既进入了蓬勃发展的时代，也面临着"黑天鹅""灰犀牛"等巨大且广泛的深度不确定性。因此，进行人工智能安全治理的顶层设计显得尤为重要。

顾名思义，顶层设计是从全局性、整体性的高度出发，对某个系统或领域进行统筹规划与战略布局。在人工智能安全治理领域，顶层设计意味着要构建一套全面、系统、科学的治理框架和策略体系，涵盖法律、政策、技术、伦理等多个层面，以应对人工智能所带来的复杂多元的安全风险挑战。此外，安全治理实践也是一项复杂艰巨的任务，需要综合运用多方参与，通过科学全面的顶层设计，构建起协调高效的治理体系，才能在充分发挥人工智能巨大潜力的同时，有效防范应对各类风险隐患，实现人工智能的健康、安全、可持续发展。

要尽可能地先于风险来临之前进行顶层设计，也即"晴天修屋顶"。具体而言，应从高阶层面重点围绕以下方向构建面向未来的人工智能安全治理顶层设计：一方面，要在科学集束安全目标的前提下，探索建立整体性人工智能安

---

① 又称"机器人学三定律"，即机器人必须服从于人给予它的命令，且机器人不得伤害人类，不得目睹人类个体遭受危险时袖手不管。该定律由美国科幻作家阿西莫夫于1950年在其小说《我，机器人》中首次提出，具有较强的现实意义。

全评价体系，尝试将风险评估能力前置，在真正的危险来临之前即对问题有较为客观、精准的预判，并在理论上逐渐固化科学的评价方法与路径；另一方面，要统筹发展和安全，统筹技术发展和安全保障，统筹"智慧涌现"与"价值分配"，科学制定人工智能发展战略，基于"百年未有之大变局"的时代特征和中国式现代化的历史方位，探索建立面向世界的、有主导权的综合治理。

首先，人工智能安全治理问题需要解决的点、线、面交织缠绕，错综复杂，应坚持系统思维、一体统筹、协同推进，必须采用总体性的观点和方法进行分析解决，重点要厘清技术进步带来的社会效用和运用过程中可能出现的安全风险之间的整体关系。人工智能和安全效用各自分别是一个完整的系统，两者的关联也应该从一个整体来进行把握，只有这样，才不至于在发展与安全之间有所偏颇。将发展战略制定和综合安全评价纳入同一个平台，局部服从整体，整体协同才能发挥整体利益的最大化。笔者团队认为，当前比较欠缺的是在整体框架下的"沟通机制"。一是监管执行层面的沟通协作。既然是一个整体，就不能各自为政、自说自话，不仅要在一个平台上议事，更要在一个平台上办事。要自上而下地统筹兼顾，不断增进共同点，多找"公约数"。二是理论问题内部的沟通联结。主要在于弄清楚"技术发展—技术安全"统一的具体机理、进阶路径，以及造成安全风险或危害的实际触发机制，促进相关研究成果的观点自洽和逻辑闭环，不能"各自叙事"，为了攀附当下社会技术热点而制造"理论热点"，或者貌合神离地生硬拼凑，防止出现理论研究中的人为割裂。三是人工智能自身发展与外部社会环境的沟通协调。人工智能作为重大技术基础设施，深刻影响着当今社会的发展进步，反过来，人工智能的不断进步也离不开国际、国内社会环境的支撑与孵化。在底座支撑、模型研制、推理平台、示范应用等全技术链条，大模型及应用场景之间都必须深度学习，不断调适。大模型的智慧涌现还需要并行大算力、海量数据和在线迭代。而人工智能的安全问题蕴含在与外部环境的信息交互中，包括来自国与国之间的竞争角力。因此，不宜就事论事，应在技术问题的背后看到社会问题和国际问题。

其次，在构建人工智能安全评价体系和发展战略时，应充分体现前瞻性，坚持动态认识，做到未雨绸缪。构建评价体系方面：一是应科学聚焦安全核心目标。前文已述，人工智能大模型已全面参与社会治理，嵌入程度随着技术的发展正逐步加深，对广义国家安全的诸多领域产生了深刻复杂的影响。但是，不能将两者的关联泛化、空化，必须聚焦矛盾的主要方面，抓住那些可能与技术生产方式有直接关联且十分关键的方面和领域，比如政治安全、经济安全、军事安全等。否则，既无法搭建基本共识，也极大增加了研究难度，将导致相关工作无法继续深入。将来如果某些领域之间的联系确有增强，可以随着实践的发展不断扩充目标域。二是应全面构建主要评价指标体系。关键是构建一套可操作的预警指标体系。从逻辑上来看，人工智能安全预警指标体系可以分为三个部分：人工智能安全警度系统、人工智能常规预警指标系统和人工智能安全突发预警指标系统。[①] 三是应动态检验体系框架的协同性和最优化。近些年，无论是技术领域还是国家安全形势，发展变化都很快。中国正在不可阻挡地走向世界舞台的中心，随着中华民族伟大复兴的步伐加快，我们的发展与安全都将呈现出坚定向上的姿态，一些应用理论方面的常态化重构、优化不可避免，这也体现了动态思维。关于国家经济安全指标体系的确定与修正，应更多地面向实践并自觉接受实战检验，以更有效地发挥前瞻预警作用。

第三节　强化系统性治理

当前应以重新审视人工智能国家安全治理的现实关系，明确应秉持的基本态度与思维方式，通过引导技术赋能和创新，规范法律法规及政策框架，强化系统思维，形成协同效应，实现人工智能与安全治理之间的良性互动、可持续发展。

一、构建系统性的智能生态与安全生态

技术的发展属性和人的安全需要本就是一体两面。关于智能生态，人工智能技术发展的最终目的是服务于人，提升人民的生活质量和安全水平。在设计相关技术系统时，必须充分考虑人的需求及权益，确保技术进步惠及普通人。重点是遵守道德伦理准则，并充分体现人性化交互的设计理念。在算法设计中应考虑公平性，避免机器决策中的不公正，防止偏见和歧视。另外，也需增强跨文化理解，在全球化背景下，理解和尊重不同国家及地区的安全关切与价值偏好。关于安全生态，现代国家安全体系是复杂的巨系统生态丛，相应的安全生态由应对安全威胁的防御条件和危机管控能力组成。应重点明确国家安全各领域的技术安全标准，预置技术安全合规性要求，构建人机交互信任机制，通

---

① 顾海兵等：《中国经济安全预警的指标系统》，《国家行政学院学报》2007年第1期。

过信任认证模型来系统及服务的可靠性，建立安全信息反馈机制，使安全生态成为一个有机整体，包纳人工智能技术在伦理和价值导向下的充分发展，实现发展与治理的平衡，既要避免规范不足导致的安全问题，也要避免过度监管从而阻滞技术的发展。

二、理性区分过程与结果

一方面，我们要相信技术的发展（大概率）最终会解决技术自身的问题。参照计算机科技领域发展的经验来看，随着时间的推移，在人工智能技术迭代跃迁过程中，新的技术不断涌现，旧的技术得到改进，许多曾经被视为难题的技术挑战也很可能被逐步克服。特别是通过模型算法的不断优化、算力的不断提升、数据的不断丰富，以及深度学习技术的推演进阶，现阶段人们所担忧的问题，如由于设计、架构、数据或算法缺陷而产生的人工智能国家安全内生风险及其衍生风险（其中包括但不限于政治安全风险、军事安全风险、文化与意识形态安全风险等现实危害或者潜在隐患），具有随之消解的可能性。另一方面，技术进步也可能引入新的未知风险。故而，持续的风险评估、监控和管理，对于确保人工智能技术的长期安全和可持续发展至关重要。此外，"国家安全风险隐患"的内涵和外延也会随着历史发展同步变革、深化。举例来说，光伏、风电等新能源诞生以前，在国家安全的能源领域，石油等化石能源占据着举足轻重的地位。而随着新能源技术的发展，石油枯竭等因素带来的可能影响国家能源安全的问题也随之逐渐消解。旧的技术状况在新的时期已经不再是影响国家安全的因素了。因此，动态地观察人工智能国家安全治理活动，借助"建构—解构"风险识别框架，辨析哪些风险隐患是阶段性特征，哪些是根本性矛盾，应包含技术与安全的双向维度，前提是要理性区分过程和结果。

三、从"双向适应"到"双向进步"

推动人工智能与安全治理之间的良性互动，也是国家安全治理能力现代化的孕育过程。要实现这一过程，首先，应创建对话机制——治理过程中以两者对话为依托，建立机制促进持续对话与安全反馈，全面收集多方意见，研发、教育和产业协同推进，不断优化安全治理策略。通过对话，致力于技术与安全的协同进化，政策与伦理的同步发展。其次，应建立综合决策框架——搭建一个既能体现技术效率又能反映人文关怀的决策框架，完成网络化和扁平化的治理组织架构，创新双边要素的多元共享。在保障国家安全基本需要的前提下，为人工智能技术及应用的创新留出空间，避免过度监管带来的技术创新抑制。"实现发展与治理的平衡，既要避免规范不足导致的社会问题，也要避免过度监管从而阻滞技术的发展"①。最后，应实行分布式战略——"一体化＋分布式"战略部署是当前的最佳战略选择之一。人工智能涉及多学科多技术多领域，现阶段尚难以形成类似原子弹研发、载人航天工程等目标清晰的举国工程。故而，由各集群分领域探索试错，有利于积累创新、动态调整，分散技术和工程风险，不失为现阶段的一种合理战略布局。

四、提高紧急处置能力

应对人工智能的安全治理问题，还应以敏捷治理及多维治理为总体原则性方向，根据事故经验，体系化更新处置能力，不断改进安全策略、应急计划和操作程序。在紧急处置内生风险层面，应建立应急响应机制，预置人工智能应用复杂场景下突发事件的解决方案，制定应对安全事件的策略。一旦发现人工智能系统异常或重大安全漏洞，能够迅速采取行动，并确保在面对意外输入或攻击时仍能保持稳定运行。通过非紧急状态下的模拟攻击和压力测试来，提高技术系统整体的鲁棒性。在紧急处置衍生风险层面，应鼓励多方参与的安全治理结构。在步骤流程方面，应按照轻重缓急程度，组织立即响应与初步评估，确定风险的性质、范围和影响程度，及时控制损害。技术系统恢复重建、事故后审查、常态化体系化监管与合规应后续跟进，以确保在真正的事故发生前能够迅速而有效地应对。在全球安全治理层面，则应推动国际安全合作，建立多边机制共同处理人工智能跨国安全问题，促进全球范围内对人工智能国家安全治理的共识形成，以应对由人工智能引发的跨国安全风险挑战。在执法领域，应共享安全情报和最佳实践案例，协作打击危害全球安全的跨国智能技术犯罪，建立世界性安全防护网络。

构建完善的人工智能安全治理体系格外重要，该体系应当包括人工智能安全治理的组织实体和制度的总和，健全治理体系的总体目标是确立各治理主体并强化主体责任履行。笔者团队建议避免治理过程中出现知识垄断和信息不对称，提升"安全共同体"的信任与理解水平。同时，应增强大众的人工智能技术国家安全意识，提升应对风险的动员能力，筑牢人民防线。总之，应该发挥

---

① 张丁：《全球安全倡议下的中国人工智能治理路径》，《信息安全与通信保密》2023 年第 8 期。

组织化、制度化的作用，随着问题性质、规模、类型以及治理目标的变化，动态强化治理体系，体现工具性的体系特征和运作效能。在体系设计上，应优化集中统一领导，建立权威高效的整体治理架构体系，并在管理层次上注重整体与局部的风险平衡，确保治理主体间的"权利正义""责任正义"（见表5—1）。

表5—1　人工智能与国家安全治理双向适应的详细策略

实现人工智能国家安全治理双向适应的关键	详细策略
构建系统性的智能生态和安全生态	• 遵守道德伦理准则 • 算法设计考虑安全性 • 明确国家安全各领域技术安全标准 • 建立安全信息反馈机制
理性区分过程与结果	• 动态观察人工智能国家安全治理活动 • 借助"建构—解构"风险识别框架 • 辨析风险隐患与根本性矛盾
从"双向适应"到"双向进步"	• 创建对话机制 • 建立综合决策框架 • 实行分布式战略
提高紧急处置能力	• 紧急处置内生风险层面 • 紧急处置衍生风险层面 • 全球安全治理层面

第四节　治理实践——以公共卫生安全为案例

一、案例陈述

自杀问题被认为是当前全球重大公共卫生问题之一。它直接关系到广大人民群众的生命财产安全，甚至成为影响国家安全的重要因素，严重危害社会安全、人口安全及公共卫生安全。根据世界卫生组织（WHO）发布的全球预防自杀报告，全球每年有80多万人死于自杀，约每40秒钟就有一人轻生，自杀已成为青少年人群的第二大死亡原因。[①] 虽然一些自杀行为的实施非常突然，但在自杀前其实有很多信号可以捕捉。

2013 年，中国科学院心理研究所有关团队开始做自杀相关研究，他们利用人工智能，在技术加持下研发专用算法，通过文本汇聚、语义分析和网上行为特征提取、数据建模等分析手段，在各大网络平台主动寻找有自杀倾向者，及时针对特定目标人群开展心理干预，向他们传递支持与帮助。实验过程中，该团队共关注了 2 万余名网络用户，筛选其中 2400 余名用户的信息，最终确定了 1400 余名用户作为实验被试。起初，该团队尝试通过人工抓取和标注的方式收集自杀相关信息。此举不仅工作量极大，而且一些带有负面情绪的信息对工作人员的影响也比较大。在此情况下，人工智能技术介入实验，首先是对网络文本的自杀倾向做出识别，主要依靠对某些个性特点做出自动判断。简单地说，人工智能根据不同紧急程度做了一些标注，将自杀相关信息分为"有意念""有计划""有实施"三类，通过对这些短文本的分析，了解用户有没有自杀的真实意念。其后，该团队又利用人工智能，实施在线心理测量和自助干预——心理测量是通过专业手段让用户了解自己当前的情况如何，自助干预则源于心理学家发现很多有自杀倾向的人不愿意跟自然人讲话，而愿意跟机器交流。

实验后期总结数据显示，该团队研发的人工智能学习系统对于自杀表达语言的分析准确率已经达到 85%，在实验周期（一年）内，共对 280 余人实施心理干预，经反馈确认取得正面效果的有 110 余人。实验期内初步实现了国家安全治理的效果。

但自杀表达反映出的问题远比预想的要复杂，对自杀的干预必须非常小心。另外，采取人工智能技术介入实验也是为了保护用户的隐私。在网上"树洞"进行倾诉是心理障碍者缓解压力的一个重要渠道，而基于"树洞"的自杀干预本身意味着"树洞"不完全是"黑洞"，对个人隐私的保护并不彻底；同时，目前技术的介入只能提高自杀干预的时效性，并不能从根本上解决自杀问题。最后，由于担心实验会被推上热搜引发舆论炒作，该实验未能持续深入开展。

---

① 王丹：《世卫组织发布首份预防自杀报告》，2014 年 9 月 12 日，MedSci，https://www.medsci.cn/article/show _ article. do?id=05574024303。

二、案例分析

关于上述案例，可以进一步立足"人"自身的角度，划分出"三个向度"加以剖析，即"以人为本"的一体三面：人作为安全治理的操作者、受益者、责任者。

在操作者向度，人的主观治理驱动是导向，技术的客观能力支撑是基础。该团队以高成效的专业运作，实现了自身领域的安全治理。一方面，将治理主体从对显露出自杀倾向人群的经验筛查和简单计数的低效劳动中解放出来，既提高了工作效率，也使人回归到创造性劳动中来，使人具备主观条件去改进治理模式。另一方面，技术赋能劳动层次提升，进而带动治理效率的提升，客观上实现了治理智能化。人工智能给针对自杀的网络预防工作带来了新的机遇，使相关研究将以往的设想方式变成现实路径，并打开了新的社会安全治理空间，推动治理范式向更高级、更智能的形态转型。

在受益者向度，全面满足人的立体式多重需求是人工智能技术运用的最终目的。总体国家安全观的两大基本特性包括总体性和人民性，坚持人民性基本特征，必然包含满足人的全方位需求，这也是国家安全治理的必然要求。以上案例实际上包含了人的多重需求：首先是基本效用需求，即技术工具必须以贯彻人的操作指令为存在前提，人工智能技术的应用完成了心理研究专业团队的初始计划，也取得了比较好的实际效果。其次是人机互动需求，达到拟人能力的向上延伸。该实验之所以前期效果不好，主要是仅靠人力自身的研究和操作能力十分有限，而后期基于算力特别是算法的综合赋能，研究团队不仅能实现数据处理能力的量变，关键是能够有效且高效地开展意义泛搜与准确识别，找准下一步心理干预靶向，这是治理能力的质变。再次是人的身心和谐需求。研究团队的识别和干预，化解了潜在的自杀风险，对于受用个体而言，也是人工智能技术的受益者，在治理过程中，通过促进身心和谐，挽救了生命，最终使个体自杀风险状态得以消解。此外还有权利安全需求。为了防止形成舆论炒作而最终放弃使用人工智能，实际上也是考虑到不能造成侵犯个人隐私的后果，尽管风险隐患未落地，但必须确保不能将技术价值凌驾于个人权利之上。

在责任者向度，应于具体情境下区分技术的自身缺陷与使用者的主观滥用，这主要是从初始动机和实际后果两个方面来看。本案例中应有两类责任：其一是心理危机干预事件本身的责任，也即初始动机方面的安全治理结果。该实验在一年时间内实现分析准确率85%，并经反馈成功实施干预110余人，整体上取得了良好的预期效果。通过"数据—算法—算力"技术体系设计特定的程序和步骤，完成对网络用户行为的分类、回归、聚类处理。假设有效样本持续增加，不断优化模型算法，应该会取得更加显著的效果。其二是事件可能引发的衍生责任。"树洞"与"黑洞"是一组矛盾，人工智能工具的使用既不应造成被干预者隐私泄露，也不能使干预者受到"心理垃圾"的消极影响。而在这一案例当中，研究团队主动终止项目，既没有主观滥用的责任，也避免了因早期技术不成熟可能带来的"原发性"风险外溢。

以上三个向度的理路实际上也对应着不同的逻辑维度。从理论逻辑来看，操作者向度细化了"人—技"二元对位关系以及以人的价值中心地位，重要的是区分主客观关系，明确人本主导倾向，不能混沌地看待问题；从技术逻辑来看，责任者向度首要先回答主观滥用与技术缺陷的两种类型，这也是从理论前提环节回应当下社会对人工智能发展依赖与戒备纠结并存的心态；从世界逻辑来看，受益者向度同时体现了人的一般性需求和带有文化属性的个体化需求，在治理过程中，以保障人的安全为前提，引导人的能力发展与主观需求满足的向上延伸（见表5—2）。

表5—2　操作者、受益者、责任者三大向度与人工智能理论、技术、世界三大逻辑维度表

逻辑 ＼ 向度	操作者向度	受益者向度	责任者向度
人工智能理论逻辑	区分主客观关系，明确人本主导倾向	综合研究基本效用需求、人机互动需求、人的身心和谐需求	区分技术的自身缺陷与使用者的主观滥用
人工智能技术逻辑	孵化国家安全"复合化风险"和人的主观双重性	兼容发展的客观要求和人的需求满足	回应当前对人工智能发展依赖与戒惧纠结并存的社会心态
人工智能世界逻辑	引导总体化冲击及国家安全强关联影响	在保障人的安全基础上，引导能力发展与主观需求延伸	推动技术管控手段发展，形成治理能力的安全预期

第五节　各国治理经验比较

当下，各国政府纷纷意识到，制定相应的法规与标准，对于确保人工智能

技术的安全稳健和道德规范至关重要，也是应对日新月异技术发展形势的迫切之需。欧盟、美国和中国作为全球科技发展的三大主要力量，在人工智能安全治理领域采取了不同的路径。

目前，全球人工智能安全治理可以归纳为三种主要模式——欧盟的先监管后发展模式、美国的先发展后监管模式、中国的发展与监管同步模式。

一、欧盟： 先监管后发展

欧盟选择"先监管后发展"的模式来应对人工智能的崛起。之所以采取这种模式，首先是出于对公民合法权利和隐私保护的高度重视。先行建立健全的监管框架，就可以确保人工智能的发展不会以牺牲公民的基本权益为代价。其次是这一模式有助于避免潜在的风险。先进行监管，可以提前规划并应对可能出现的人工智能在就业、社会公平等领域带来的巨大冲击，从而减少社会不稳定因素。再次，事前监管的原则从长远来看能够较好地促进人工智能的可持续发展。它可以促使企业在研发和应用人工智能技术时，提前意识到所肩负的伦理要求与社会责任，从而增强公众对人工智能的信任度，为后续更广泛的发展和应用创造相对良好的社会环境。

欧盟人工智能治理文本①的核心在于对智能系统的分类，并通过具体用例来具象化风险分类，而相关文本所提出的大部分义务主要指向高风险人工智能系统的提供者——技术开发者，用户则相对少一些。这一特点源自比较鲜明的欧洲价值观，欧盟委员会主席乌尔苏拉·冯德莱恩（Ursula von der Leyen）曾在《人工智能法》达成成员国一致同意后发表声明，认为该法案"将欧洲的价值观带到了新的科技时代"。

同时，欧盟的"先监管后发展"模式也意味着在一定程度上抑制了创新的速度，压抑了创新的积极性。这使得一些企业在研发与应用人工智能技术时面临更多的限制，被迫增加适应监管要求的多重成本。但总体而言，该模式是一种谨慎而负责任的选择。

---

① 欧盟《人工智能法》（AI Act）在 2024 年 8 月 2 日正式生效，其不同部分内容有不同的实施日期。各成员国需在 2024 年 11 月 2 日之前指定人工智能监管机构，而法案的一般规定和禁止规定则从 2025 年 2 月 2 日开始生效。

二、美国： 先发展后监管

美国采取了"先发展后监管"的独特模式。这种模式的首要优势在于能够迅速推动技术的创新进步。先集中精力发展人工智能技术，能够让美国的企业和研究机构在技术研发上投入更多精力、提供更多资源，从而在短时间内取得显著成效，在全球范围内占据领先地位。优先发展的策略还为市场创造了更多的机会，释放了更多活力。它鼓励风险投资，使得各种创新的人工智能应用能够迅速涌现，推动了相关产业的快速发展，为经济增长注入强大动力。

当然，"先发展后监管"模式也存在着不可忽视的安全问题。由于在发展初期缺乏严格监管，可能导致诸如算法偏见、数据滥用等不良问题，不仅损害公众的利益，还可能引发社会信任危机。如果相关技术应用在金融、医疗、军事等领域却缺乏监管规范，一旦出现问题，将造成严重后果。尽管存在风险，但美国"先发展后监管"模式背后反映了其对技术创新的追求和对市场自我调节能力的信任。同时，随着人工智能技术的不断深入发展，加强监管也已成为美国需要面对的不可避免的趋势。

美国安全治理文本[①]与欧盟文本的本质区别是，除面向联邦政府部门外，行政令不能设立新的人工智能机构，也不能授予市场主体新的监管权力。也就是说，美国相关文本的重点是要求负责卫生、住房、海关乃至国家安全等政府事务的各机构部门，在各自领域必须负责任地使用人工智能技术，并具体化地说明如何使用。通过政府带头，间接影响私营部门和市场经济主体。美国的人工智能行政令在诸如"促进创新和竞争""支持工人""保护隐私"等八个行动领域，仅作方向性、原则性指引，这同样十分具有美国特色，其主旨更加注重鼓励行业自律，支持企业创新，但对风险的整体管控能力不足，是该模式的一个重大弊端隐患。

三、中国： 发展与监管同步

中国在全球人工智能蓬勃发展的大背景下所采取的"发展与监管同步"的独特模式，展现出了一种平衡与务实的策略。概括而言，这种模式的最大优点

---

① 2023 年，美国白宫公开发布《关于安全、可靠和可信地开发和使用人工智能的行政命令》，2025 年 1 月 20 日，美国新任总统特朗普在就职后数小时内废除该行政命令。

在于能够实现发展与安全的协同推进。在积极推动人工智能技术发展的同时，及时跟进监管措施，既不会因过度监管而束缚创新的手脚，又能有效防范潜在风险。为企业和科研机构提供相对宽松的创新环境，鼓励大胆探索尝试，从而加速了人工智能技术与应用在各个领域的落地普及。"发展与监管同步"模式还有助于提升产业竞争力，相关产业在这种模式下能够迅速适应市场变化，敏锐感知技术发展方向，不断优化自身产品与服务。同时，监管的同步跟进能够促使企业注重合规经营，提高产品质量与安全性，增强在国际市场上的竞争力。除此之外，随着社会对人工智能应用需求的与日俱增，通过边发展边监管，可以更高效、成熟地适用技术与使用场景用来解决实际问题，如医疗诊断、智慧交通等，提高人民生活质量，提升社会运行效率。

中国的"发展与监管同步"模式也面临着一些挑战。首先，需要精准把握尺度和时机，避免出现监管滞后或过度宽松的情况。其次，监管政策的制定与执行需要具备较高的专业性、前瞻性，以适应快速迭代发展的技术及市场环境。但不可否认的是，中国的模式是基于本国国情的理性选择，有望在人工智能领域实现技术发展与安全要求的双赢，为全球人工智能的安全有序发展贡献中国智慧，提供中国方案。

与欧盟和美国相比，中国人工智能安全治理文本[①]的立场定位更加客观中立，涵盖议题更为全面实用。该文本超越了中国自身的偏好与立场，对现阶段人工智能的安全隐患进行了科学分析，并提出有针对性的风险治理措施。与欧盟相比，中国对人工智能风险的阐释更加中性，更侧重于客观的风险描述，而非先入为主地对风险判断结果进行"预置"；与美国相比，中国不仅罗列了"治理原则"，深入阐了释管理与技术两大类的治理应对举措，例如，综合管理举措有 10 项，技术应对举措有 21 项，由此构建了系统性的安全治理"工具箱"。参照中国文本，各类治理主体可以详细对应"细目表"，更加精准地对某项具体技术与应用的方向界定"风险谱系"，从而映射出衍生安全风险治理手段，并借此评价治理效果。

尽管中、美、欧采取了不同的安全治理模式，但其前提是都意识到了确保人工智能技术安全使用的重要性。简而言之，欧盟注重于建立严格的法律框架，以保障受影响公民的基本权利；美国则更偏向于通过市场的力量和自愿性标准来推动创新；而中国采取了一种相对集中的方式，来促进人工智能技术的

---

① 为落实中国首倡的《全球人工智能治理倡议》（2023 年 10 月 18 日），2024 年 9 月，中国网络安全标准化技术委员会发布了《人工智能安全治理框架》。

发展并实施监管。面对日益复杂的全球人工智能安全形势，地区间的合作变得尤为重要。未来可能会看到更多跨国合作的案例，多国家和地区主体共同解决人工智能安全治理中遇到的挑战和问题。

第六章 人工智能安全与发展的关系

党的二十届三中全会就新兴科技领域深化改革做出了全面性战略部署，其中提到要建立人工智能安全监管制度、完善生成式人工智能发展和管理机制等若干政策安排。实践中，不能单纯就安全谈安全，更不能脱离发展而谈安全，人工智能安全与发展的关系，是平衡创新和风险的"前提式追问"，也是理解人工智能时代安全问题的一个核心内容。

第一节 人工智能安全与发展关系的基本特征

今天，我们生活的世界遍布对人工智能、大数据、互（物）联网、云计算、区块链等技术的运用，生存空间、生存过程乃至生存媒介的变化，使我们对符号化的事物、虚拟空间和超现实的生存体验有着愈加真实的理解。缕析人工智能安全与发展的关系，需要从"经济基础—上层建筑"的总体逻辑层面，深入探讨新兴技术与社会发展的辩证关系，加强科技伦理领域的前沿研究，为未来人工智能及人类社会发展贡献智慧。

在人工智能时代，安全与发展之间存在着密切而复杂的联系，呈现出复杂多维的基本特征。[①] 从宏观视角来看，安全与发展之间的动态平衡性、相伴共生及需求交互性、跨界融合的整体协同性是其中的主要方面。

其一，现代科学切忌静态地、非此即彼地看待问题。马克思通过阐发社会矛盾运动的基本规律，深刻揭示了人类社会依靠什么运行机制来实现从原始社会向更高级的社会形态迈进：在人类社会运动过程中，生产力是社会发展的最终决定性力量，生产力与生产关系、经济基础与上层建筑之间的矛盾关系，从起初的相互适应，到随后的基本适应及逐渐不适应，又发展为新的适应……如

---

① 方滨兴主编：《人工智能安全》，北京：电子工业出版社 2020 年版，第 21 页。

此循环往复，波浪式前进、螺旋式上升，以至无穷无尽，进而刻画了历史演进中发展与安全的动态平衡辩证图景。这一基本运动规律，也抽象概括并决定了人工智能安全与发展矛盾的总体特征。随着人工智能技术的发展，其应用场景日益广泛、运用程度不断加深，已经从实验室扩展至日常生活的方方面面。作为一个整体系统，矛盾的各个方面统一于技术的绿色迭代与中立导向。基于动态平衡的体系化思维，人工智能既不能做"思想上的巨人、行动上的矮子"，也不能变成"四肢发达、头脑简单"。安全与发展之间要在运动性、平衡性好的前提下发挥作用，而非静止及片面。当前人工智能安全与发展矛盾的主要方面体现为技术进步与安全滞后之间的紧张关系，其中包括了"技术快速迭代vs. 安全评估滞后""商业利益驱动vs. 用户安全保障""数据需求vs. 隐私保护""机器自主决策vs. 人类控制""技术进步vs. 法规滞后""技术透明vs. 公众信任""技术应用vs. 伦理规范""国际标准vs. 国际竞争"等若干子项矛盾。解决这些矛盾需要政府、企业和学术界等各方共同努力，通过多方面的综合施策，确保技术的快速发展与安全需求之间的和谐共存。

其二，不发展就是最大的不安全，而没有高水平的安全格局，也不会有高质量的发展格局。作为同一个矛盾系统中的两大方面，人工智能的安全与发展是一体之两翼、驱动之双轮，是相互依存、相互促进的，需要二者有机结合、协调发展。没有安全，人工智能就难以持续健康发展；反过来，安全也需要人工智能赋能，才能更好地解决未来智能社会的复杂安全问题。从相伴共生的角度来看，人工智能的发展离不开安全的保障。仅以医疗领域为例，基于人工智能技术的诊断系统若存在安全漏洞，导致错误的诊断结果，将会直接威胁患者的生命健康。反之，只有确保了安全，人工智能才能够获得持续、稳定的发展环境，从而吸引更多的资源投入，进一步推动技术的创新和应用的拓展。再者，人工智能的安全问题也随着其发展而不断演变并日益复杂化。随着大模型内部技术架构越来越具象为巨系统模式，数据量呈几何指数增长，智慧涌现的同时亦使新的安全挑战不断涌现，[①] 如数据污染、算法偏见、模型被恶意攻击等，这就要求我们在推动人工智能发展的同时，不断提升安全防护的能力与水平。而在需求交互性方面，人工智能的发展对安全亦提出了特定的需求。为了实现更精准的结果预测和拟人决策，人工智能系统需要处理大量的敏感数据，这就需要有强大的数据加密、访问控制和隐私保护机制来确保数据的安全。同

---

① 刘权：《人工智能发展和安全并重的法治探究——以人形机器人为例》，《东方法学》2024年第5期。

时，为了保证模型的可靠性、公正性，需要建立有效的算法审计和监管机制，以防止算法偏见及不当使用。反过来，安全的需求也推动着人工智能的发展。为了解决安全问题，研究人员不断探索新的技术和方法，这促进了人工智能在安全领域的应用与创新。例如，利用相关技术进行网络安全监测、恶意软件检测等，有效跨越"发展陷阱"，降低发展代价和成本。

其三，在当今智能化时代浪潮中，人工智能的安全与发展呈现出跨界融合的显著特征，并且这种融合展现出了强大的整体协同性。人工智能的发展需要依托于不同领域多种先进技术的支持，如大数据、云计算、物联网等。而这些技术领域本身也面临着各自的安全挑战。例如，大数据的收集和处理可能涉及用户隐私泄露，云计算的基础设施可能遭受网络攻击。当人工智能与这些技术跨界融合时，安全问题就不再是孤立的，而是相互关联、相互影响的。因此，为了确保人工智能的健康发展，必须在技术层面实现整体协同，将安全措施贯穿于数据采集、存储、处理、传输等各个环节，形成一个无缝的安全防护体系。在产业应用方面，人工智能已经广泛渗透到医疗、金融、交通、制造等众多行业，不同行业有着各自的特点和需求，其安全风险和发展重点也各不相同。然而，通过跨界融合，能够实现资源共享和优势互补。比如，医疗行业的人工智能应用需要高度重视患者数据的安全，而金融领域的人工智能则要防范欺诈风险。通过跨行业的交流合作，可以共同制定安全标准规范，促进人工智能在各个领域的安全、稳定发展，实现产业层面的协同共进。人工智能安全风险也可能对社会稳定和公共利益造成威胁，这就需要政府、企业、社会组织以及公众等各方力量进行跨界融合，共同参与到人工智能的治理中。通过多方协同的治理模式，实现社会层面的整体协同，同步促进人工智能的安全与发展。

其四，全球化视角贯穿人工智能领域国际发展合作与跨国安全监管协作。在全球化日益加深的背景下，人工智能领域的发展已经超越了国界的限制，国际发展合作与跨国安全监管协作变得至关重要。从发展方面来看，不同国家在人工智能的研究开发上具有各自的优势。一些国家在算法研究方面处于领先地位，另一些国家则在硬件制造或数据资源方面具有独特的优势。通过国际合作，可以实现资源的优化配置和优势互补。例如，发达国家可以向发展中国家分享先进的技术经验，帮助其加快人工智能的发展步伐；发展中国家则可以提供丰富的数据样本和应用场景，为全球的技术创新提供实践基础。这种合作不仅能够加速技术的突破和创新，还能够降低研发成本，提高效率。此外，跨国的学术交流与合作项目也发挥着重要作用。各国科研机构与高校之间可以联合开展研究，共同攻克人工智能领域的难题，国际企业之间的合作也正在变得日益频繁，通过共同研发、技术共享等方式，推动新技术在世界范围的应用推广。① 从安全方面来看，跨国安全监管协作的需求也日益紧迫。人工智能应用带来的一系列安全风险不受国界限制，许多风险隐患借助"蝴蝶效应"传导、放大，可能产生全球性、系统性影响。因此，跨国安全监管协作同样至关重要。在处理跨国人工智能安全事件时，需要建立国际协调机构和执法机制，当发生涉及多个国家的安全事件时，各国执法机构应能够迅速协同行动，追究责任，保护各国的国家安全和公民权益。在当今全球化视角下，人工智能领域的国际发展合作与跨国安全监管协作相互促进、相辅相成。只有通过加强国际合作，共同应对技术发展和安全监管的挑战，才能充分发挥人工智能的潜力，同时保障全球的安全稳定，实现人工智能领域的全球可持续发展与人类共同繁荣。

第二节　西方学者的代表性观点

考察西方学者在人工智能领域的观点具有多维层次的重要意义。一方面，西方对人工智能的研究起步较早，积累了比较丰富的经验和基础，其观点往往反映了前沿科学进展和思考方向。另一方面，西方学者来自不同的学术背景和文化环境，能够提供多元化的观察视角与思维方式，有助于打破思维定式，激发创新灵感。在面对复杂的人工智能问题时，这种多元的观点能够帮助我们更全面、深入地理解问题的本质，从而找到更有效的解决方案。

此外，从国际交流合作的角度来看，了解西方学者的观点是与国际学术界进行有效对话与合作的基础在全球化的科研环境中，我们可以通过了解这些观点找到共同的研究课题和合作方向，促进国际间的学术思想碰撞，提升我国学者在人工智能领域的国际影响力。通过对比和分析西方学者的观点，可以发现中外研究的差异和共同点，进而在相互借鉴的基础上，发展出具有中国特色的人工智能理论体系和应用体系。这不仅能够丰富全球人工智能的学术宝库，也有助于在国际舞台上展示我国在这一领域的独特智慧与贡献。

总的来看，下列西方学者的观点反映了对人工智能安全与发展关系的深入思考和担忧。概括起来，主要强调了在追求技术发展的同时，确保安全的重要性。

---

① 方滨兴主编：《人工智能安全》，北京：电子工业出版社 2020 年版，第 33 页。

一、"第二开端论"

一些西方学者从不同的角度和领域探讨了人工智能革命可能带来的具有里程碑意义的事件。他们认为这些事件将对人类文明产生深远而重大的影响,开启新的篇章,甚至成为人类文明的"第二开端"。雷·库兹韦尔(Ray Kurzweil)等认为,人工智能技术的不断突破,特别是在深度学习、自然语言处理和机器人技术等领域的飞速发展,将极大地改变人类的生活方式和社会结构。例如,当人工智能能够实现与人类水平相当甚至超越人类的智能时,这将标志着人类文明进入一个全新的阶段。尼克·波斯特洛姆(Nick Bostrom)指出,当人工智能系统能够自主地进行科学研究和创新,并且其成果能够远超人类科学家的能力时,这可能被视为人类文明"第二开端"的标志性事件。比如,人工智能在新材料研发、能源利用等领域取得突破性进展,解决了人类长期面临的重大难题。斯图尔特·罗素(Stuart Russell)提出,如果人工智能能够成功地建立起一种全新的、高效的全球合作与协调机制,解决诸如气候变化、资源分配等全球性问题,这将是人类文明迈向新阶段的重要标志。① 杰弗里·辛顿(Geoffrey Hinton)认为,当人工智能在医疗领域实现重大突破,能够精准诊断和治疗各种疑难杂症,甚至实现人类寿命的显著延长时,这可能成为人类文明"第二开端"的一个关键事件。马丁·福特(Martin Ford)强调,当人工智能引发的自动化浪潮使得大多数传统工作被机器取代,同时创造出大量新兴的、与人工智能相关的工作岗位,导致整个社会的就业结构和经济模式发生根本性转变时,这可能标志着人类文明进入了一个全新的开端。

二、"文明危崖论"

也有一些西方学者在强调人工智能革命带来巨大机遇的同时,也指出其可能给人类文明带来严重的威胁和挑战,如果不加以谨慎管理和有效控制,可能会将人类推向"文明危崖"。尼克·波斯特洛姆等人认为,假设人工智能失控,这种可能性很低,但也可能导致人类文明彻底灭绝,我们要做好付出代价的准备。人工智能的发展速度极快,但在追求发展的过程中,必须高度重视安全问

---

① S. Russell and P. Norving, *Artificial Intelligence*:*A Modern Approach*(4th ed.),London:Pearson,2020.

题。尼克·波斯特洛姆强调，若不谨慎处理，强大的人工智能系统可能会带来难以预测和控制的风险，从而对人类的生存和发展构成威胁。詹姆斯·巴拉特（James Barrat）担忧人工智能的发展可能导致大规模失业和经济不平等。随着自动化技术的进步，许多工作岗位可能会被人工智能和机器人取代，这可能引发社会动荡不安。尤瓦尔·赫拉利（Yuval Noah Harari）进而认为，人工智能可能加剧社会分化。那些拥有和控制先进人工智能技术的人或组织将获得巨大的权力及财富，而其他人则可能被边缘化，造成严重的社会不平等甚至冲突。麦克斯·泰格马克（Max Tegmark）则担心人工智能系统的错误或恶意使用可能引发全球性的灾难，例如在军事领域，如果自主武器系统出现故障或被恶意操纵，可能导致无法控制的战争，造成人道主义危机。马丁·里斯（Martin Rees）甚至提出，人工智能的发展可能带来未知的风险和意外后果。由于我们对其潜在影响的理解有限，可能在不知不觉中跨越某个危险的阈值，使人类文明陷入绝境。①

三、"失踪的人"

部分西方学者的观点主要聚焦于人工智能对就业市场和人类劳动价值的冲击，担忧人类可能因为技术的发展而在经济和社会运行中失去其原有的重要性、有用性。这种观点认为，科技的发展使得人们不再借助哲学或宗教去看待人，而是从科学的角度去认识人，由此带来一个深层次危机：未来人工智能的发展很有可能使人成为"无用之人"，人面临着"被机器化"的危险。例如，斯图尔特·罗素等人提出，人工智能的发展应当以安全为前提。他主张在设计人工智能系统时，应将人类的价值和安全纳入核心考量，以避免出现不利于人类的结果。雷·库兹韦尔虽然对科技发展持乐观态度，但也承认人工智能可能导致就业结构的重大变革。他认为，新技术的快速发展可能使人们难以跟上步伐，无法及时获得适应新工作需求的技能，从而在一定程度上使部分人群在就业市场中显得"无用"。尤瓦尔·赫拉利认为，随着人工智能在越来越多的领域展现出超越人类的能力，许多传统上由人类从事的工作将被智能机器取代：从制造业的自动化生产线到金融领域的智能投资顾问，再到医疗诊断中的人工智能辅助系统，人类在这些领域的作用可能逐渐被边缘化。赫拉利担忧这会导

① M. J. Rees, *Just Six Number：The Deep Forces That Shupe the Universe*，New York：Basic Books，2001.

致大量人口失去工作机会及经济来源,进而在社会分工和经济层面上变得"无用"。马丁·福特指出,人工智能和自动化技术的进步不仅会取代体力劳动,还会侵蚀诸如数据分析、法律文书等认知性工作。他认为,当就业市场上大部分岗位都能由机器更高效、更准确地完成时,人类的劳动价值将大幅下降,使得很大一部分人在未来经济体系中难以找到有意义的角色,从而面临"无用"的困境。尼克·波斯特洛姆进一步提出,假如未来出现"超级智能",其能力可能远超人类的理解和控制范围。在这种情况下,人类的智慧和技能在解决复杂问题和推动知识进步方面可能变得微不足道,人类可能在重要的决策环节和创新领域失去主导地位,变得相对"无用"。

第三节　当前人工智能安全与发展的关系困境

用"如日中天""众星捧月"等亮眼词汇描述当下人工智能的地位并不为过。造成这种罕见现象的原因,不仅仅是人工智能技术本身近十余年来令人惊艳的突破性进展,还包括人工智能技术对社会经济各行各业、对科学技术各个领域进步所带来的深远乃至颠覆性的影响。在中国,人工智能的热潮较国际社会更盛。然而,在当前的"热潮"中,也应看到许多炒作和非理性的因素,不免令人对现阶段人工智能发展的多样性技术路径的欠缺产生担忧,故而非常有必要认真审视和反思当下人工智能的本质及其可能带来的负面影响,以及人类发展人工智能的目标和路径等问题。其中,必须看到当前人工智能的安全与发展关系面临着多方面的困境,需要通过技术创新、政策制定、伦理引导和公众参与等多种途径来寻求解决之道,以实现可持续发展。

一、概念泛滥

随着人工智能技术的迅速崛起,我们见证了众多与之相关的概念如雨后春笋般涌现。然而,这种概念的泛滥并非全然是积极的现象,更多的是商业性的话术重塑,而非革命性的技术突破。它给人工智能的安全和发展带来了一系列复杂且深远的影响。

例如,各种看似新颖但实质模糊的人工智能概念层出不穷。"弱人工智能""强人工智能""超级人工智能"等概念被频繁提及,但它们的边界和内涵常常缺乏清晰准确的定义。此外，一些企业为了吸引投资或提升市场关注度，随意创造出一些所谓的"创新"人工智能概念，却缺乏实质性的技术支撑和应用场景。

概念泛滥问题严重影响人工智能的发展。过多模糊且未经充分论证的概念容易误导决策者，导致资源错配。比如，资金和人力可能被投入那些看似热门但实则空洞的概念领域，而真正有潜力、价值的研究方向却得不到足够的支持。不同主体使用的概念定义不同，使得行业内的交流变得困难，这不仅增加了沟通成本，还减缓了技术融合的步伐，不利于人工智能技术领域的协同创新。对于普通公众而言，难以理解众多复杂且不断变化的概念，容易产生困惑与怀疑，这将削弱公众对人工智能技术的信任和接受度，从而影响其在社会中的广泛应用推广。

概念泛滥问题同样加剧了人工智能安全风险。概念的泛滥导致难以建立统一明确的安全标准及规范，不同的概念可能对应不同的安全要求和风险评估模式，使得保障人工智能系统在安全性方面缺乏一致性，无法构建具有操作性的安全体系。部分未经实践检验的概念可能掩盖了潜在的安全隐患，由于对这些概念的理解不足，安全漏洞往往被忽视，从而增加了人工智能系统遭受攻击或出现故障的风险。模糊的概念还使得在人工智能伦理和法律问题上的讨论变得更加复杂。例如，对于某些新兴的人工智能概念，难以确定其在法律上的责任主体以及具体适用的法律规制，从而给伦理决策和法律监管带来巨大挑战。

二、未识一真

一般认为，现今人工智能的发展面临着"三大瓶颈"与"六大问题"[①]。就技术的意义维度来讲，主要是与人的意识复杂性相关的难题。而就科技伦理层面的意义来讲，则主要是人与拟人化智能的关系，以及人与外部智能在价值观对齐等方面的一系列难题。这些源于自身的问题，形成人工智能安全与发展关系的内生性困境，一定程度上影响了双相适应格局的建构。

人工智能的意识问题是一个多维度的难题，涉及哲学、认知科学、神经科学等多个领域。还原论在这个问题上面临的主要挑战是如何解释主观体验的产生，以及如何验证一个系统是否真正具有意识，目前的理论和技术还无法完全

---

① "三大瓶颈"即可解释性瓶颈、机器常识瓶颈、机器学习瓶颈；"六大问题"即数据围栏问题、地理围栏问题、人与系统的关系问题、自主问题、伦理道德与法律问题、测试与评价问题。

解答这些问题。行为主义者认为①，意识可以通过行为来判断。如果一个人工智能体能够通过图灵测试，即在对话中无法被区分出是机器还是人，那么它可能被认为具有某种形式的意识。如果未来的人工智能确实产生了某种形式的意识，那么它们的道德地位将如何确定？这不仅涉及伦理道德和法律实务的多个方面，更重要的是，它将从本体上改变安全与发展"外置于人"的状况，转而"求诸内部"。

人工智能的价值观统合难题涉及价值观的复杂性、模糊性、数据偏差、技术限制以及社会变化等多重角度。价值观本身就是一个复杂多元的概念，不同的个体或群体都可能拥有截然不同的价值观和价值取向，这使得确定一个普适性的、被广泛接受的价值观体系变得极为困难。当我们试图将这些价值观念嵌入到人工智能系统中时，很难明确究竟应该以哪些价值观为基准。此外，人类的价值观常常是模糊的，具有情境性。例如，在某些情况下，公平可能意味着机会均等，而在另一些情况下，可能更强调结果的平等。这种模糊性和情境依赖性使得将清晰、明确且一致的价值观规则转化为机器可理解和执行的代码或算法的行动充满挑战。同时，如果基于有偏差的数据进行训练，人工智能很可能会习得并放大这些偏差，导致其决策和行为与我们期望的价值观背道而驰。而我们所探讨的无论是"安全"还是"发展"，抑或两者和谐稳定的关系，都应建立在正常的、符合大多数人利益与期望的价值观之上。

随着技术的发展，越来越多的人工智能系统具备了自主决策的能力。这种自主性可能导致人工智能在某些情况下做出与人类预期不符的决策。如何在赋予人工智能系统自主性的同时，确保人类能够对其行为进行有效控制，是一个重要的技术难题。由于人工智能的"黑箱原理"和决策过程的不透明性，人们可能对相关应用缺乏信任，包括如何确保人工智能系统在各种复杂环境下的可靠性和稳定性，避免因技术缺陷引发的对立。深层次问题还有诸如当人工智能系统出现错误或造成损害时，责任归属问题难以界定。增强人们对人工智能应用的信任，既需要持续的技术创新和理论探索，也需要确保不同社会群体都能受益于先进的技术运用，避免安全与发展两大维度的分裂和对立。

三、高投入—低产出

当前人工智能产业及研究领域在资金、技术、人才、数据等方面都存在着

---

① 如由朱利奥·托诺尼（Giulio Tononi）等人提出的"信息整合理论"（Integrated Information Theory，IIT）。

高投入的情况，但由于受技术成熟度、应用落地难度、人才协同效率、数据质量等多种因素的综合影响，导致产出未能达到预期，呈现出"高投入—低产出"的态势。这个问题的存在，限制了安全与发展的同步提升，长期来看将人工智能生态链条限定在低水平循环。

尽管不断有新的算法和模型被提出，但真正能够实现大规模商业应用并产生显著经济效益的成果仍相对较少。许多研究停留在实验室阶段，距离实际应用还有很长的路要走。比如，一些人工智能在图像识别或语音识别方面的准确率虽然有所提高，但在复杂现实场景中的应用效果仍不尽如人意，无法满足实际业务的需求。而在产业应用方面，虽然人工智能在某些特定领域，如金融风险预测、医疗辅助诊断等取得了一定的进展，但整体上的普及程度和影响力仍然有限。许多企业在引入人工智能技术时，面临着高昂的成本和复杂的系统集成问题，导致实际的产出和效益增长不明显。此外，由于现阶段人工智能技术的不成熟、不稳定，应用过程中出现的错误和偏差也给企业带来了额外的损失及风险。人工智能领域的发展还面临着诸多不确定性和风险，技术的快速更新换代使得前期的投入可能很快过时，而法律法规和伦理道德的约束也限制了一些应用的推广落地。

四、不能做什么

人工智能虽然已经深刻影响了个体学习模式，一定程度上改变了人类知识的生产方式，但其依模型而运作的本质需要人们深刻思考人工智能"不能做什么"。人工智能加工的对象是信息、语言、知识，是对脑力的延伸和取代，因而可能在生产力、生产关系、上层建筑层面引发革命性变革，甚至可能加速社会的"分崩离析"，因此必须挖掘人工智能的整合潜力，寻找促进"纯粹生活"的可能性，也就是在安全和发展之间寻求一种"亲密无间"与"保持适当距离"的和谐统一。

明确人工智能"不能做什么"，不仅有助于防范潜在的风险，还能为人工智能技术的健康发展划定合理的界限，提供清晰的指导方向。具体来看，目前包括以下几个关键领域：不得侵犯个人隐私、不得用于非法活动、不得替代人类决策的关键领域、不得滥用权力等。值得注意的是，随着人工智能技术的应用越来越广泛，对能源消耗和环境污染的影响也日益凸显。在现阶段，"双碳目标"成为人类社会共同遵守的发展底线，人工智能的开发及使用者也应采取有效措施降低碳足迹，通过优化算法效率、采用绿色计算资源等方式，避免给自然环境带来不可逆的负面影响。

当前人工智能安全与发展的关系困境，本质上还是缺少批判性思维的结果。整个社会在看待人工智能时，存在一种过度乐观的倾向，将其视为解决一切问题的"万能钥匙"，而没有以批判性的眼光去审视其可能带来的威胁和挑战。这种盲目乐观的态度阻碍了对人工智能进行全面、客观的评估，使得我们在追求人工智能带来的巨大利益的同时，面临着诸多潜在的风险隐患，不利于制定合理的发展策略，无法构建真正有效的应对措施。

尤其是当前的一些研究可能过分强调技术的优势，而缺乏对研究方法和结论的批判性反思，对其局限性和可能带来的负面效应关注不够，这不仅影响了学术研究的客观性，也不利于为统筹人工智能的安全与发展提供科学合理的理论指导。

第四节　统筹人工智能的安全与发展

人工智能作为一项颠覆性的科技创新，在新质生产力的生成和发展中扮演着关键角色。新质生产力是以新技术深化应用为驱动，以新产业、新业态和新模式快速涌现为重要特征的生产力形式，人工智能是新质生产力发展的重要驱动力。如何坚持安全与发展并重，在强化安全治理的同时尽可能实现技术赋能效用最大化，在安全与发展之间寻求动态平衡，充分发挥人工智能的"头雁"效应，加快培育新质生产力，已经成为确保战略性新兴技术行稳致远的重要命题。

鉴于人工智能对经济社会发展的全局性、系统性影响，将总体国家安全观蕴含的"大安全"理念贯穿并具体落实于统筹人工智能安全与发展的全过程、各方面，以总体国家安全观统筹人工智能发展和安全，依靠新安全格局保障新发展格局，对于做好人工智能领域的顶层设计，尤其是构建协同策略与实践，具有重要的现实指导意义。只有这样，我们才能真正受益于这一伟大的技术革命，助力以中国式现代化全面推进中华民族伟大复兴，实现人类社会的可持续进步与繁荣。

一、总体国家安全观为统筹人工智能的安全与发展提供了根本遵循

人工智能的发展是不可阻挡的趋势，但其安全问题必须置于总体国家安全观的框架下进行统筹考量。通过制定合理的政策、加强技术创新、建立健全的监管体系等措施，我们能够实现人工智能的健康发展与国家安全的有效保障。总体国家安全观强调全方位、系统性地维护国家安全，强调发展与安全的辩证统一。这就要求我们从多维度综合考量人工智能的发展，即在追求科技进步和经济增长的同时，平衡创新与安全，确保其符合国家利益和人民福祉，为我们审视人工智能的发展与安全提供了重要的指导原则和理论框架。

人工智能之于"大安全"范畴，特别是国家安全来说是一把"双刃剑"。保证国家安全、推进国家安全治理体系和治理能力现代化，必须依靠人工智能支撑，同时还要解决好人工智能时代所面临的新问题，"人工智能影响范围广泛，需要以一种综合、系统、全面、辩证、发展的安全理论框架才能够正确把握人工智能带来的机遇与挑战"[①]。2015 年以来，美国、欧盟、日本等国家和地区均提出了关于发展人工智能技术，同步应对安全挑战的战略文件，各国结合自身国情特点，提出了各自的发展重点与主要安全关切。显而易见，中国也需要从本国实际情况出发，结合纲领性的"大安全观"来统筹人工智能发展与国家安全的关系。

2014 年 4 月，习近平总书记在主持召开中央国家安全委员会首次会议时创造性地提出了"总体国家安全观"，具体阐释了这一宏大战略的内涵与外延。实践中明确坚持总体国家安全观是习近平新时代中国特色社会主义思想的重要内容。总体国家安全观所提出的 20 大类安全领域，能够完整涵盖人工智能对当今社会带来的诸多机遇和挑战；其强调统筹发展和安全，安全与发展相生相伴、相互促进，增强忧患意识的原则也与人工智能技术的"双刃剑"特质相吻合。其中，在发展与安全中具象化的统筹指引，主要包括但不限于：其一，以政治安全为根本，着力应对人工智能可能带来的系统性安全挑战，应当发挥人工智能对政府执政能力、国家治理能力现代化的"赋能"作用，充分运用先进技术手段提升各级党和政府的社会管理能力和应急治理能力，国家机器要在人工智能运用上走在社会前列。其二，以人民安全为宗旨，动态平衡人工智能带来的增长机遇与社会冲击，避免人工智能造成或加剧新的经济垄断，提高新兴

---

① 李峥：《总体国家安全观视角下的人工智能与国家安全》，《当代世界》2018 年第 10 期。

科技的社会整体普及运用程度，提高全社会适应、使用的总体能力，并注意限制人工智能可能对社会某些领域的破坏性应用。其三，以经济安全为基础，推动人工智能在经济治理体系中的深度应用。运用人工智能提升经济管理能力是一项系统性工程，也是构建现代市场经济体系的重要方向之一，关键是提升政府有效管控市场秩序的能力和效率。其四，以军事安全为保障，运用人工智能实现现代军事变革。军事安全是各项安全的重要保障，应基于本国利益积极探索人工智能在战争领域的应用创新，借助相关技术加快新质战斗力生成模式转变，满足未来战场需求。其五，以全球安全为目标，推进人工智能综合治理的共同合作。面向 21 世纪的新安全观，在人工智能浪潮席卷之下，世界各国既是新赛道的竞争者，也是"命运共同体"，存在着一荣俱荣、一损俱损的紧密联系。因此，需要在人工智能领域一些根本性、原则性的技术规则和科技伦理上达成广泛共识，对衍生出的危安行为持统一态度。中国作为维护全球共同安全的重要力量，亦应积极参与人工智能治理的国际合作，携手推动主要大国秉持"技术中立"导向，充分顾及发展中国家的利益诉求，抛弃"算法霸权"思想，推动人类社会共同应对人工智能可能带来的颠覆性挑战。

二、构建中国特色的人工智能科技伦理

发明技术的最终目的是让人们的生活变得更好，毫无疑问应该充分考虑技术可能带来的伦理问题。阐述人工智能安全与发展的关系，其形而上的诉求是为了构建内在和谐稳定的人工智能科技伦理。面对技术热潮，科技伦理的治理与发展也要跟得上。科学化逻辑可以为人工智能伦理提供理性支撑，例如关于个人隐私和数据安全相关问题，已经进入法律规范的"硬伦理"层面；对未来的科幻叙事层级的逻辑则是一种"软伦理"，即对未来前景的想象和反思预置。面向未来，亦需要构建一种"契约伦理"，以应对将来可能出现的"超级智能"问题。

当下，统筹中国人工智能安全与发展，极其重要的基础是构建具有中国特色的科技活动价值理念和行为规范，坚持以人为本、科技向善，全面增强科技维护和塑造国家安全的能力。就现阶段以 ChatGPT、Sora、OpenAI O1 为代表的通用人工智能的"算料—算法—算力"运行模式来看，基于当前的技术路径，人工智能大模型尚不能"无中生有"，做出超越人类预期的事情，但一味信奉"蛮力"、追求规模，也极易发展出在覆盖面和复杂度上人们难以掌控的

"巨兽"。① 例如，就当前大语言模型的技术路线而言，"黑箱"导致的不可解释性是其最大"罩门"。如果不加任何规制而大量应用，可能导致人类知识体系面临严峻挑战。同时，训练语料的质量缺陷、概率统计的内生误差等因素会导致大模型产生"幻觉"，生成错误内容；再加上人为干预诱导，极易生成虚假内容。仅就统筹生成式大模型的安全治理而言，必须明晰政府、创新主体、社会团体、科技人员等主体的伦理边界，构建统筹协调、上下协同、分级治理的科技伦理治理工作体系。

中国社会制度和社会发展对人工智能伦理提出了必然要求。反过来，中国特色人工智能科技伦理的内涵还要结合中国传统文化和价值观念，如和谐、仁爱等，并保证其在人工智能伦理中有所体现。在探讨其内涵时，首先要明确中国传统文化中的和谐理念。和谐强调事物之间的平衡与协调。在人工智能领域，这意味着要确保技术的发展与社会的稳定、人与自然的关系保持和谐统一。中国文化中的仁爱思想也是其重要组成部分。仁爱主张关心他人、尊重生命，这体现在人工智能科技伦理中，要求技术的设计和应用要以人为本，保障人的尊严、隐私和权利。比如，在医疗领域的人工智能应用中，要确保患者的个人信息不被泄露，诊断和治疗过程尊重患者的意愿和选择。中国社会制度强调公平正义，这一理念在人工智能伦理中表现为确保技术的发展成果能够公平惠及全体人民，避免造成数字鸿沟和社会不平等。同时，要对技术的应用进行严格监管，防止其被用于不正当竞争或损害公共利益。中国的发展需求也对人工智能伦理提出了特定要求。当前，中国正处于经济转型升级的关键时期，人工智能被寄予推动产业升级、提高生产效率的厚望。因此，在伦理考量中，要注重促进技术创新与经济发展的良性互动，鼓励开发有利于可持续发展和民生改善的人工智能应用。此外，在人工智能科技伦理中，在考虑个体利益的同时，更要关注技术对整个社会乃至国家利益的影响，确保其为实现国家发展目标、社会整体利益服务。

关于构建中国特色人工智能科技伦理的步骤和方法，首先要对中国的文化传统、社会价值观和法律体系有深入的研究。对儒家、道家等传统思想中的伦理观念进行梳理，明确其与现代科技伦理的结合点。同时，分析中国现行法律法规中与科技相关的条款，为构建人工智能科技伦理框架提供法律依据。其次，制定明确的伦理准则和规范。这些准则应涵盖人工智能的研发、应用、数据管理、算法设计等方面，确保技术的发展符合公众道德与社会价值。再次，

---

① 熊子晗等：《生成式人工智能面临的安全风险》，《通信企业管理》2024年第6期。

建立有效的监管机制。设立专门的监管机构，或在现有机构中明确相关职责，对人工智能技术的发展与应用进行监督、评估。复次，加强教育培训，提高科技从业者的伦理意识和道德责任感，使其在工作中自觉遵循伦理规范。最后，促进国际交流与合作，学习借鉴国际上先进的人工智能科技伦理经验，同时向世界分享中国的发展理念与实践成果。

三、立足中国语境、反思中国问题、提出中国方案

统筹人工智能的安全与发展，根本目的在于立足中国语境、反思中国问题并提出中国方案。中国作为一个拥有独特历史、文化、社会和经济背景的大国，在人工智能领域的发展路径必然与其他国家有所不同。如前所述，中国语境的特殊性体现在多个方面，具体包括：从社会结构来看，庞大的人口基数和复杂的城乡差异，使得人工智能的应用需要充分考虑不同群体的需求与利益；从经济发展阶段而言，我国正处于转型升级的关键时期，人工智能有望成为推动产业创新和提升竞争力的重要力量，但也需避免技术发展带来的贫富差距扩大等问题。

反思中国问题，我们不难发现，在人工智能的安全方面，数据隐私保护、算法偏见、网络安全等问题日益凸显。随着大量个人数据被收集和使用，如何确保数据的合法、安全和合规处理，保护公民的隐私权益，成为亟待解决的重要课题。此外，算法偏见可能导致不公平的决策结果，影响社会公正；在网络安全领域，人工智能系统的自身脆弱性也可能被黑客利用，造成严重的安全威胁。

同时，在发展方面，如何促进人工智能技术的自主创新，突破核心关键技术瓶颈，减少对国外技术的依赖，是实现可持续发展的关键；如何加强人才培养，打造高素质的人工智能专业队伍，也是需要重点关注的问题。

为了解决这些问题，提出中国方案至关重要。在政策层面，政府应制定完善的法律法规和政策体系，加强对人工智能的监管和引导，规范技术的研发和应用。应加大科研投入，支持企业和科研机构开展核心技术攻关，鼓励产学研合作，推动技术创新和成果转化。在教育领域，要改革教育体制，加强人工智能相关学科建设，培养兼具技术和伦理素养的专业人才。另外，还应积极推动社会各界的参与合作，鼓励行业协会制定自律规范，增强企业的社会责任意识。最后，要促进公众对人工智能的了解，提高社会民众参与度，形成全社会共同关注和推动人工智能安全与发展的良好氛围。

以实践中的具体事件为例。2017 年，国务院发布了《新一代人工智能发展规划》（以下简称《规划》），提出了面向 2030 年中国新一代人工智能发展的指导思想、战略目标、重点任务和保障措施。《规划》强调了人工智能的安全和发展并重，旨在构建安全可控的人工智能发展体系。具体项目包括：打造国家新一代人工智能开放创新平台，支持百度、阿里云、腾讯等企业建设国家新一代人工智能开放创新平台，推动技术共享和协同创新；建设国家人工智能安全实验室，成立多家人工智能安全实验室，开展安全技术研究和应用示范，提升安全防护能力；加强人工智能领域的高层次人才培养，设立专门的研究生培养计划和博士后流动站，培养具有国际视野和创新能力的复合型人才。通过这些举措，中国在人工智能的基础研究领域取得了多项重要突破；形成了较为完善的人工智能产业链，涌现出一批具有国际竞争力的企业和产品；在医疗、交通、教育、金融等多个领域开展了广泛的应用示范，提升了社会智能化水平；通过法律法规和伦理规范的制定，有效防范了算法偏见、数据泄露等安全风险，增强了社会对人工智能技术的信任。

根据世界知识产权组织的数据，中国在 2019 年提交的人工智能相关专利申请数量已经超过美国，成为全球第一；在深度学习、自然语言处理、计算机视觉等核心技术上，中国科学家发表的高水平论文数量和质量都有显著提升。[①] 在实践利用方面，基于人工智能技术的医疗影像分析系统，提高了疾病诊断的准确性和效率，如腾讯的"觅影"系统在肺癌早期筛查中表现出色；百度的 Apollo 平台已成为全球最大的自动驾驶开放平台之一，与多家车企合作，推动了自动驾驶技术的商业化应用；杭州的"城市大脑"项目通过大数据和人工智能技术优化交通管理和综合交通公共服务，提升了城市管理和服务水平。目前，阿里巴巴、腾讯、百度等中国企业在人工智能领域迅速崛起，成为全球领先的人工智能公司。这些企业在云计算、大数据、物联网等领域的布局，进一步推动了人工智能技术的商业化应用。同时，还涌现出一大批人工智能初创企业，形成了良好的创新创业生态。例如，商汤科技、旷视科技等公司在计算机视觉领域取得了国际领先的地位；传统制造业亦积极开展智能化转型，提高了生产效率和产品质量。例如，海尔的"互联工厂"通过人工智能技术实现了全流程的智能化管理，无人机植保、智能灌溉系统等技术在农业领域的应用越来越广泛。为了支持人工智能产业的蓬勃发展，我国多个地方政府建设了人工

---

① WIPO，"Global Innovation Index 2024：Unlocking the Promise of Social Entrepreneurship"，WIPO，https://www.wipo.int/web-publications/global-innovation-index-204/en/.

智能产业园区，吸引了大量高新技术企业和研究机构入驻。例如，北京中关村、上海张江等地的人工智能产业园区已经成为国内重要的创新高地。同时，配套出台了《关于加强互联网信息服务算法综合治理的指导意见》《新一代人工智能伦理规范》《互联网信息服务算法推荐管理规定》等法律法规，规范了算法的应用管理，减少了算法偏见及数据泄露的风险，提高了行业的自律意识。人工智能技术的应用推动了相关产业的快速发展，为经济增长注入了新的动力。根据中国信通院数据显示，2020 年我国人工智能产业规模超过 1500 亿元人民币，预计到 2025 年将达到 4000 亿元人民币。①

总之，立足中国语境，深刻反思中国在人工智能领域面临的安全与发展问题，并提出具有针对性和可行性的中国方案，是实现我国人工智能健康、可持续发展的必由之路，也是为全球人工智能发展贡献中国智慧和力量的重要体现。

---

① 《2020 年中国人工智能全产业链报告，预计规模超过 1500 亿》，2020 年 7 月 24 日，搜狐网，https://www.sohu.com/a/409533105_478183。

第七章　展　　望

人工智能在过去几十年中取得了惊人的进展，从最初的理论构想逐渐转变为深刻影响我们生活各个方面的强大技术。它的未来充满了无限的可能性，正在成为推动人类社会进步的重要力量。

展望未来，随着算法的优化与创新、硬件的迭代以及跨领域融合的加深，技术的重大突破值得我们持续期待；超越今日，其在医疗、教育、公共管理等方方面面的实际应用也将不断拓展延伸，这必将对经济社会发展带来革命性影响，推动社会治理的体系和能力发生历史性进步。与此同时，随着技术的深刻变革，人工智能的安全问题亦将从幕后走向前台，成为不可忽视的、与发展维度并重的另一个根本性维度。而基于人类社会整体迈入后工业化时代，风险社会转型已然到来的宏大历史背景，安全问题大概率可能成为人工智能领域的先导性牵引，甚至是决定人工智能领域能否行稳致远的保障平台。

所以，贯穿人工智能的风险与治理，我们应该用"发展的眼光"看待形势；统筹人工智能的安全与发展，我们还应以"实践的观点"解决问题。在这个充满挑战与机遇的征程上，今天人们的智慧将决定人工智能未来的走向。当然，为了构建一个更加美好、智能的未来世界，今天我们所做的一切研究和为之付出的努力，都是有意义的。

第一节　人工智能的安全认知逐渐聚合

人工智能的发展和应用，极大地改变了安全问题的内涵与外延。人工智能的安全问题，将是既有安全（Security）、新兴安全（Safety）、伦理安全

（Ethics）交织交融的全新图景；① 人工智能的发展问题，是建立在多维安全融合基础上的可持续健康发展，没有安全就没有发展，没有高水平安全就没有高质量发展，这一点在人工智能领域愈发清晰。统筹安全与发展，已成为人工智能技术推动社会新质生产力孕育的必由路径。而人工智能国家安全治理，就是要以新兴技术全面赋能国家安全治理体系和能力现代化的生成。

一、序章：重视和认知

近十余年来，人们对"安全"问题的重视和认识大大加深。

一是在全球化背景下，安全的概念已经从传统的领土、军事安全扩展到经济、政治、文化、技术等多个领域。中国在走向世界舞台中心的过程中，面临的国内外安全形势更加复杂多变，安全问题的重要性日益凸显，上升为核心议题之一。全球化带来了新的安全威胁，如网络安全攻击、恐怖主义跨国活动、气候变化引发的自然灾害等。随着中国在世界经济、政治舞台上扮演越来越重要的角色，确保国家的综合安全变得至关重要，关系国家的根本利益和发展大局。这既包括维护国内秩序的和谐稳定，同时也涉及海外利益的安全保障。可以说，中华民族走向伟大复兴的征程，也是统筹处理好传统与非传统安全问题，构建全方位、多层次、宽领域的安全防护体系的过程。探索一条符合自身国情特点且具有普遍意义的新安全道路，统筹兼顾地处理好新兴技术安全治理等现实问题，不仅是中国对内实现长治久安的基础，也是对外展现负责任大国形象、推动国际社会共同构建人类命运共同体的关键所在。

二是随着"风险社会"的到来，真正的技术风险正在悄然降临。德国社会学家乌尔里希·贝克（Ulrich Beck）等人提出，伴随现代化进程的演进，人类正逐渐进入一个由技术、工业生产等人为因素所带来的新型风险所主导的社会形态。这种社会不再仅仅受到自然灾难的影响，更多的是面对那些由科技进步和人类活动本身制造出来的潜在威胁。② 在风险社会中，风险不再局限于特定地理区域或国家边界之内，而是具有全球化的特性。现代社会的风险往往伴随着高度的不确定性，即我们无法准确预测某些技术和行为可能带来的后果，许多风险本身涉及复杂的技术背景。这就要求社会进行所谓的"反思性现代

---

① 刘跃进：《为国家安全立学：国家安全学科的探索历程及若干问题研究》，长春：吉林大学出版社 2014 年版。

② 乌尔里希·贝克：《风险社会：新的现代性之路》，张文杰、何博闻译，南京：译林出版社 2022 年版，第 13 页。

化"，即不断重新审视和发展现有制度、法律框架和技术手段，以适应新的风险状况。同时，公众也需要提高自身的风险意识，积极参与到风险管理的过程中来。

在这样一种人类命运的现代性演变进程中，基于中国自身的历史使命与国际环境相互交织的复杂方位，正如"两个百年未有之大变局"所带来的冲击感、紧迫感，安全问题早已不再是遮蔽的、隐性的、次要的某一个方面，其重要性的上升俨然成为工业革命以来极为突出的社会历史现象。[①] 其中，由于技术有关的因素在一系列重大安全事件中发挥了越来越重要的作用，上升为越来越核心的助推力量，我们对相关安全现象和原因的重视亦应随之显著提高。

总体国家安全观开辟了安全领域学理、道理、哲理的新境界，使人们拓展深化了对人工智能安全问题的认知。总体国家安全观是以习近平同志为核心的中国共产党对新时代中国面临的安全挑战和安全问题的深刻回应，强调人民性、系统性和开放性的特点。它超越了传统安全理论的局限，并将中国传统文化与执政党的治国理政经验相结合，为解决当前复杂的安全形势提供了新的思路、方法，也为国际社会贡献了中国智慧与中国方案。随着总体国家安全观上升为"大安全"领域的世界观、方法论，人们对包含人工智能安全治理在内的一系列安全问题的认识亦随之拓展深化，并逐步整体重塑。

从世界观的角度来看，总体国家安全观的提出，为我们理解、审视人工智能安全问题提供了一个全面、系统且具有前瞻性的视角，使人们摆脱了对人工智能安全问题的狭隘和局部的认知，以更加全面、深入、长远的视角去审视与应对，极大地拓展、深化了人们对这一领域的认知，为保障人工智能的健康发展奠定了科学的思想基础。总体国家安全观强调的是一种综合性、系统性的安全理念，涵盖了政治、国土、军事、经济、文化、社会、科技、信息、生态、资源、核能等多个领域。将这一理念应用于人工智能安全问题，使人们不再仅仅局限于技术层面的风险，如算法漏洞、数据泄露等，不再仅仅关注人工智能技术本身的进步，而更加注重技术的自主可控性，防止因依赖外部技术而产生的安全隐患，激发更宏观、更全面的思考。总体国家安全观促使人们思考人工智能发展的长期影响及潜在风险，例如超级智能的出现可能超越人类的控制，对人类的生存和发展构成根本威胁，等等。这种长远的、战略性的思考，使人们在推动人工智能发展时更加谨慎、更加理性。

从方法论的角度来看，总体国家安全观指出了形成系统性的安全标准和治

---

① 高盼、邢冬梅：《乌尔里希·贝克技术风险思想探析》，《科技管理研究》2017 年第 12 期。

理规则的现实路径，直接或蕴含式提出：在政治层面，人们开始认识到人工智能可能被用于干涉政治活动，威胁国家政治稳定和主权安全，促使我们加强对人工智能在政治领域应用的监管、防范。在经济层面，使人们意识到人工智能对就业结构的重大冲击可能导致大规模失业，影响经济社会稳定，动摇可持续发展的根基；同时，在全球经济竞争中，人工智能核心技术的掌控与否直接关系到国家的经济安全。在文化层面，认识到人工智能算法推荐可能导致"信息茧房"，影响文化多样性，进而阻碍主流价值观的传播，对国家的文化安全构成挑战。在社会层面，人工智能对医疗、教育、治安等行业的应用，如果出现偏差或故障，可能引发社会恐慌，导致信任危机，总体国家安全观让人们关注到这些社会风险，并思考如何建立有效的应对机制。

二、交响：技术与理论配适对位

在可预见的未来，得益于技术的强势发展，带动人工智能理论研究与之相互匹配、协同共进，体现了"实践出真知"的意识世界发展规律。这种趋势对于推动人工智能领域的深入发展具有极其重要的意义。技术的进步为理论研究提供了丰富的素材和强大的工具，随着计算能力的不断提升、数据量的急剧增长以及算法的持续优化，人工智能在众多应用领域取得了令人瞩目的成就。这些实际的技术应用成果为理论研究提供了大量的实证数据和具体案例，有助于研究者更深入地理解人工智能的内在机制、运行规律。理论研究的深入为技术创新优化指明了方向，扎实的理论基础能够帮助我们揭示人工智能系统中潜在的原理，为技术的发展提供科学的依据和指导，从而设计出更高效、更智能、同时也是更安全的算法（模型）。值得期待的是，理论研究将更加注重解决技术应用中的实际问题，如模型的可解释性、鲁棒性，特别是安全性，使得技术能够更好地服务于人类社会，并符合伦理和法律的要求。只有保持技术发展与安全研究的协同发展，才能充分挖掘人工智能的潜力，既保证重大突破，又实现安全应用。

三、共鸣：问题催生答案

不夸张地说，新兴科技领域的安全研究与治理工作已经到了非解决不可的历史阶段，紧迫性与日俱增，人工智能领域的安全研究与安全治理工作迫在眉睫。这一论断基于多方面的深刻原因：首先，随着人工智能技术的广泛应用，其潜在的安全风险日益凸显，包括数据安全、"算法正义"、"决策公平"等；其次，随着人工智能在关键基础设施和重要领域的应用，例如在金融领域、交通领域、医疗领域、司法领域等，一旦出现安全漏洞，其后果不堪设想；再次，从国家安全的角度来看，如果不加以有效管控，可能引发新的军备竞赛，造成战略失衡，对国际和平构成威胁，对国家的网络安全和信息主权带来挑战；最后，人工智能的发展还带来了一系列道德困境，制造了伦理难题，比如智能机器的责任归属、人类自主性的削弱等，如果不能及时解决这些问题，可能导致社会价值观的混乱，从而引发道德滑坡。因此，人工智能领域的安全研究与安全治理工作刻不容缓，必须高度重视这一问题，采取切实有效的措施，以确保人工智能技术健康发展，造福人类社会，而不是带来灾难和混乱。这是我们这一代人所面临的重大历史责任。

第二节　建构完整清晰的研究范式是未来关注重点

研究范式（Research paradigm）是指导科学研究的基本框架，它包括理论基础、方法论、研究问题的选择标准以及价值取向等核心要素。研究范式是否完整清晰，事关能否为该领域的研究提供清晰的方向和系统的方法，对于任何一个学科领域的发展都尤为重要。

公认比较好的研究范式一般应满足体现统一性、促进学科创新和提升研究质量等诉求。优秀的研究范式还可以帮助避免偏差的发生，保证研究过程的科学性、可靠性。此外，研究范式能够促使研究者关注那些真正有意义且值得深入探讨的主题，从而有助于提高整个学科的研究水平，它既影响着当前的研究活动，也为未来的探索指明了方向。

如前所述，当前人工智能的安全与发展关系中存在着"概念泛滥""高投入—低产出"等困境，反映到人工智能安全研究领域，则进一步体现为概念范畴、研究本体、研究目标与方法等方面的"范式短板"。也就是说，深入推进相关研究，以求取得长足进展，未来必须解决好这几个具体问题，逐一而立，着力建构完整清晰的研究范式。

一、对"安全"的泛化与简化

及至 20 世纪 90 年代末，我国围绕国家安全学的讨论步入体系化、学理化和学科化的阶段。国际关系学院刘跃进教授于 1998 年发表的《为国家安全立言——"国家安全学"构想》一文，从国家安全学学科建设视角对国家安全学研究对象、学科专业设置等进行了建设性思考。[①] 其最具代表性的成果当属 2004 年 5 月出版的北京市精品教材建设立项项目《国家安全学》（中国政法大学出版社），以及 2014 年 1 月出版的《为国家安全立学——国家安全学的探索历程及若干问题研究》（吉林大学出版社）。

国内安全学学界泰斗如刘跃进教授，已经在国家安全研究等重要领域对此类问题进行了深刻阐发。总的来看，先驱学人阐幽发微、孜孜以求的治学精神令人动容。其通过条分缕析地深耕有关概念范畴和逻辑体系，深刻辨明了"国家安全"包括什么、不包括什么：广义的"安全"包括一个国家或特定群体所有国民的安全、所有领域的安全、所有层级的安全，是一个国家或特定群体所有国民、所有领域、所有方面、所有层级安全的总和。把一个国家或特定群体的任何安全置于国家安全之中，都不是安全概念的"泛化"。安全不包括诸如民族问题、宗教问题等各种影响安全的因素，也不包括诸如恐怖主义、新冠疫情等各种威胁危害安全的因素，还不包括军事、情报、外交、警务、安全法治建设、安全体制完善等各种传统和非传统的安全保障活动、保障措施、保障能力等。这些是安全的各种"相关方面"，而不是安全"本身"。无论是把影响和威胁危害安全的各种因素置于安全之中，还是把保障安全的各种活动、措施、手段、认识、思想、理论、能力等置于安全之中，都是安全概念的"泛化"。只有科学严谨地认识"安全包括什么"和"安全不包括什么"，才能真正认识安全概念"泛化"问题，避免对真正的"泛化"视而不见、认识不足。[②]

与泛化问题并行，对"安全"的简化是以往掣肘安全研究深入的另一个概念范畴误区。有了国家或者特定群体就有了安全，也就有了对安全不同程度的认识。但在近代以来的漫长历史中，由于对最高权力的争夺和大规模战争的连绵不断，"安全"长期被简化为政治安全、军事安全等几个方面，其他方面的

---

① 刘跃进：《为国家安全立言——"国家安全学"构想》，《首都国家安全》1998 年第 2 期。

② 刘跃进、刘黎明：《国家安全"本身"与"相关"——"国家安全包括什么不包括什么"辨析》，《中共中央党校（国家行政学院）学报》2024 年第 4 期。

人工智能时代安全研究：
风险、治理、发展

安全则被严重忽略；在"朕即国家"观念的支配下，传统安全也被"异化"为帝王安全、皇家安全、统治者的安全；第二次世界大战之后，由于一些情报机构以"安全"命名从事活动，安全又被一些人"误解"为就是间谍情报活动及其涉及的安全问题。①

二、人工智能安全研究的回归

在厘清研究工作的理论前提——"安全"的概念范畴之后，重新审视及强化未来人工智能安全研究的方向、重点等问题也就显得更加"水到渠成"了。

首先，要重视技术基础研究。安全研究应尽可能回归到促进对算法本身的理解和改进上。我们需要加强对人工智能系统内部工作原理的研究，特别是深度学习模型的可解释性和鲁棒性。通过深入理解这些复杂系统的运行机制，可以开发出更为可靠的下一代模型搭建技术，减少意外行为的发生概率，并优化它们在面对未知情况时的表现。比如，研究人员可以通过引入新的数学工具或优化现有框架来增强模型对于异常输入数据的抵御能力，降低被恶意操纵的风险。再比如，为了让公众及监管机构相信人工智能系统的安全性，必须致力于创建一个透明的环境，增进信任建设。在这个环境中，所有利益相关者都能够清楚地了解到智能体决策过程中的关键因素。这意味着要制定明确的标准来衡量人工智能系统的性能指标、训练数据集的质量与规模，并负责任地报告潜在的偏差。此外，还应鼓励相关企业公开其使用的人工智能的技术细节，以便第三方进行独立评估。只有当人们真正理解了人工智能的工作方式及其局限性后，才能建立起对其的信任感。

其次，要进一步提高伦理考量的权重。人工智能的安全不仅仅是一个技术问题，更涉及广泛的社会伦理议题。因此，在开展安全研究的过程中，必须充分考虑如何将人类价值观融入人工智能系统的设计中，回归到以人为本的核心价值上来，即保障每个人都能在一个公平、开放且受保护的数字环境中受益于科技进步带来的便利，以确保这项技术不会加剧现有的不平等现象或者侵犯个人权利。这需要跨学科的合作，结合法学、哲学、社会科学等多个领域的智慧，共同探讨适用于不同应用场景下的道德准则。同时，政府和行业组织也应当积极参与进来，通过立法或制定指引的形式为人工智能的未来发展设定界

---

① 刘跃进：《国家安全的简化、异化、误解与回归》，2023年4月14日，中国社会科学网，https://www.cssn.cn/gjaqx/202208/t20220831_5482870.shtml。

112

限，确保其始终沿着有利于人类福祉的道路前进。值得反思的是，伦理考量本身也是基础研究的重要组成部分，不能急于求成，更不能指望"毕其功于一役"。人文社会科学的发展、进步有其内在的客观规律，尽管其通常以"主观意识"的形式呈现，但现行的某些注重对论文或者研究项目数量进行考核的制度，又或者对科研"成果"进行量化评价的方式，未必能真正促进伦理应用的发展。从"机器人三原则"到"价值观罗盘"（Value Compass）项目，真正推动伦理法则发展的，不只是主观愿望，最终起到决定性作用的只能是实践的发展变化。这就要求在未来的研究中，既要保持"独立思考的距离"，又要"放弃不切实际的天马行空"。

最后，应由人文科学与自然科学联合建立研究的话语体系及问题场域。人工智能安全并非仅仅是技术层面的挑战，还涉及伦理、法律、社会影响等多个方面。通过明确共同关注的核心问题，如算法偏见对社会公平的影响、人工智能在军事应用中的伦理边界等，让人文科学和自然科学研究者都能清晰认识到彼此合作的必要性、重要性。自然科学注重实验、数据和模型，而人文科学擅长案例分析、哲学思考和社会调查。由于人文科学和自然科学在术语、概念及理论框架上存在差异，容易导致沟通障碍，因此需要通过共同的努力，构建一套适用于人工智能安全研究的通用语言，使双方能够准确理解和交流彼此的观点。在人工智能安全研究中，可以将自然科学的实证方法与人文科学的定性分析相结合，形成更全面、深入的研究成果。在人工智能安全研究领域，协调人文科学与自然科学的沟通是一项系统性工程，需要在目标设定、平台搭建、方法融合、话语统一、政策支持和公众参与等多个方面共同发力，才能实现两者的有机结合和协同发展，尤其需关注研究目标及研究方法等关键性要素。

三、研究目标及研究方法

未来人工智能安全研究的核心议题涵盖了技术层面的安全性、伦理和社会影响、法律和政策以及国际合作与竞争等多个方面。笔者团队认为，除上述宏观议题之外，尤应关注一个经常被忽略但同样非常重要的问题——"触发机制"。其广义内容是：什么样的主体，以什么样的方式（形式），借助（通过）人工智能技术媒介，对特定客体的安全构成了什么样的影响，或者造成了何种安全损失（后果）；其狭义内容是：搞清楚是什么事物怎么触发的安全风险（事件）。具体包括触发来源、触发传递、触发强度、触发反馈及触发影响等一系列关联因子。

将"触发机制"设定为未来主要的研究目标，不是将研究工作引向碎片化，导致孤立，反而恰恰是为了厘清哪些问题是核心、哪些是非核心，甚至是无关紧要的"伪问题"。

笔者团队发现，以往的研究有一个隐性的共同特征，即各类研究本质上采用了同一种叙事模式——人工智能（大模型）可能影响国家安全。如果按照这种命题式或者判断式的叙事逻辑，那么接下来必然引致两种研究进阶路径：其一是原主旨深入研究，主要方向是探讨人工智能大模型本身是如何对安全产生影响的，重点在"如何"而非"影响"；其二是对原主旨的透析研究，重点在补全命题逻辑链，要说明是什么主体通过人工智能大模型影响了安全。所以可以断言，以往研究中存在一个较为普遍的逻辑缺陷：技术与安全之间的"机制断裂"问题，即没有讲清楚两个事物之间究竟是如何产生影响的，是主观影响还是客观影响，是或然影响还是必然影响，等等。从另一个角度来说，如果人工智能技术内在地与安全有着深刻的交互影响，那么两者本质上就是一对矛盾，在更高层次上也是矛盾的两个方面，体现着矛盾的对立性与同一性。在同一性方面，有相互依存、相互贯通的趋势和联系，以往的研究在这个维度上做了较好的阐释；而在矛盾对立性方面，双方究竟有哪些互相排斥、相互对立的属性，又如何体现着相互分离的倾向与趋势？更深一层，从同一性到对立性，是如何转变的？从量变到质变的"关键点"在哪里？对于上述问题，以往研究尚较少触及。

因此，关于人工智能技术对安全的影响及其治理领域的研究，很重要的一点是要克服"静态式"研究，特别是那种"只见事物不见人""知其然不知其所以然"的方法，各要素相互之间的关联研究亟待深化。这正是笔者团队将"触发机制"作为重要研究目标的深入考量。

关于研究方法，需要构建面向未来的大模型安全评价体系和前瞻性安全发展战略。在评价体系方面，应科学聚焦特定安全领域的核心目标，构建主要评价指标体系，并动态检验体系框架的协同性和最优化，有效发挥预警作用；[①]在战略制定方面，应以"有主导的协同共治"为目标，培育科技自立自强的内生驱动力，形成大模型技术与安全领域之间的结构性互动关系。同时，应重视外部性问题，在大模型安全研究及治理中应包含国际技术秩序治理和国内技术价值治理。

[①] 阚天舒、张纪腾：《人工智能时代背景下的国家安全治理：应用范式、风险识别与路径选择》，《国际安全研究》2020年第1期。

第三节　未来任重道远

人工智能革命掀起认知安全新浪潮，人工智能技术塑造认知安全新范式，人工智能治理构建认知安全新秩序。

5000 年前，文字的发明使得抽象的思想得以具体化，人类认知因文字革命起步；500 年前，近代印刷术的普及降低了知识传播的成本，人类认知因传播革命进一步发展；近 50 年来，互联网推动了认知的全球化、即时化与协作化，人类认知因信息革命进一步延伸；近 5 年来，人工智能以前所未有的学习、进化和创造能力，在极大限度上改变了人类知识的生成秩序，成为认识及再造客观世界的利器。

面向下一个百年，我们要以前瞻理念统筹技术创新与安全发展，强化良知应对，确保人类在与智能体的交互过程中始终保持独立思考与安全控制的能力。

一、"安全"的复杂性和自反性

现代社会系统的内生型、外源型风险隐患，日益呈现出高度复杂性与不确定性特征。这些特征不仅源自社会结构及社会功能的多样化，也来自科学技术的高速发展、经济全球化、文化和价值观的多元化助推。现代社会的非线性运行机制，使每个圈层互相关联并且彼此影响，"从个体行为到全球性事件，全量因素共同构成了错综复杂、动态变化的社会系统"①。科技、政治、经济、教育及环境等不同生态圈的交互作用，塑造了社会的复杂性质，并影响着社会的未来发展趋势和整体稳定性。

为更好地适应复杂社会系统的运行发展规律，科学研究从传统的、简化的、线性的研究范式逐渐向复杂性范式转向，从而形成了复杂性科学。现时代的复杂性研究范式强调系统思维、整体性分析和跨学科方法，更加注重理解系统的非线性、动态性关系和涌现性质，"提供了深刻认识和调控当前数字化社

---

① 杨华锋、沈绎州：《复杂性时代国家安全学的总体性、现代性与自反性》，《国家安全研究》2024 年第 3 期。

会复杂系统的基础性视角"①。

聚焦人工智能安全研究领域，系统的复杂性现象、原理、特征已基本确立。仅就现阶段来看，大模型的可解释性与透明性不足，安全治理技术的复杂性和多样性、伦理道德问题的复杂性、风险评估与安全策略的复杂性等，均已构成复杂科学的组成要件。

在此情境下，研究者不再仅仅关注某个单一因素或个体变量，而是试图把握不同因素在更广阔系统中的交互作用。近些年，随着突变理论、协同理论、混沌理论、耗散理论等复杂性科学理论在社会科学领域的应用，以及风险表征的涌现性与非线性特征，超越还原论的复杂性思维应用也开始在安全理论研究与实践探索中落地生根，对安全学的认识论、方法论、实践论都有不同程度的影响和塑造。

瞻望未来，人工智能安全研究将以自反性思维检视自主知识体系所依凭的问题意识与方法体系，并以新型学术命运共同体的建构为路径，在学科交叉与融合创新的基础上，推出超越传统安全的理论产品，以适应人工智能技术快速迭代跃迁的发展需求。

二、能力跳变与智能涌现

当新的算法架构被提出，例如从传统的机器学习算法到深度学习算法的转变，人工智能处理复杂任务的能力实现了质的飞跃。计算能力的增强，尤其是量子计算等前沿技术的发展，有望为人工智能提供前所未有的算力支持，从而使其能够在更短的时间内处理更庞大的数据和更复杂的模型，实现能力的瞬间提升。数据的爆炸式增长和高质量标注数据的可用性增加，为人工智能的能力跳变提供了燃料。大量丰富、准确的数据能够让模型学习到更全面、更深入的知识和知识生产模式，从而使人工智能在诸如图像识别、语音处理等领域的表现迅速超越以往。

而智能涌现则是一个更为复杂和神秘的现象。它描述的是当人工智能系统达到一定的规模和复杂度时，突然展现出超越预期的智能行为，甚至超乎人类的智慧特性。这种智能并非预先设计，也未经过编程产生，而是在系统的自组织和交互过程中自发产生的。例如，在多个简单的智能体通过相互协作与竞争，从而形成复杂的网络时，可能会涌现出集体智慧，表现出远超单个智能体

---

① 王芳、郭雷：《数字化社会的系统复杂性研究》，《管理世界》2022年第9期。

能力的智能行为。在深度学习网络中，当神经元的数量和连接达到一定阈值时，模型可能会突然学会理解并生成自然语言，这种从无到有的智能展现就是智能涌现的一种表现。智能涌现的出现往往难以预测，它依赖于系统的结构、参数、数据以及环境的交互等多种因素的复杂组合。它挑战了我们对智能的传统理解，也超过了以往关于人造智能的设计方式，同时也为人工智能的发展带来了无限的可能性和不确定性。

以当前火热的 DeepSeek 为例，其开源模式与技术路径不仅重塑了人工智能大模型研发范式，更可能成为全球智能革命中"中国方案"的代表，为解决算力瓶颈、技术平权和可持续发展提供关键路径。DeepSeek 的 MoE 架构和动态路由机制，提高了工作效率，减少了资源消耗，极有可能促进更大规模模型的开发，从而推动人工智能能力的提升。通过强化学习路径，模型的推理能力有望增强，这对智能涌现很重要，因为更好的推理能够保证人工智能解决下一代复杂问题。此外，多模态感知和并行因果推理机制，都是智能涌现的关键条件。DeepSeek 的知识自验证机制帮助模型更可靠地处理信息，结合多模态数据，将让人工智能更接近人类认知。

未来，人工智能的能力跳变和智能涌现可能会给人类社会带来巨大的影响，其中相当程度体现或作用于安全领域。这种快速且难以预测的变化也可能引发一系列问题，如就业结构的重大调整、伦理和法律的困境、社会不平等的加剧等。对此，我们需要加强跨学科研究，融会贯通多个领域的知识，深入探索智能的本质及其产生机制，确保技术的进步始终在人类的掌控和监督之下。

三、乐观、悲观

康德在《纯粹理性批判》的结语中说："有两种东西愈经常愈反复思想，它们就给人灌注了时时更新、有加无已的惊赞和敬畏——头上的璀璨星空和内心的道德律令。"[①]

有意思的是，人工智能科学兼有"璀璨星空"和"道德律令"两方面的色彩。作为 21 世纪以来最显著的交叉学科，它的系统化复杂程度和生态级重构意义在历史上都是绝无仅有的，这无不需要我们深刻思考、深入实践、深沉反省。

在对人工智能安全研究的漫漫征途中，我们需要用乐观的心态点亮希望的

---

① 康德：《纯粹理性批判》，李秋零译，北京：中国人民大学出版社 2011 年版，第 573 页。

灯塔，以悲观的思考筑牢风险的防线。乐观让我们敢于梦想，勇于尝试，不怕失败，坚信每一次的努力都在靠近真理；悲观令我们谨慎行事，充分预估风险隐患，精心设计方案，避免盲目冲动。只有在乐观与悲观之间寻得平衡，我们才能在科学研究的道路上走得更快、更远、更安全。

亦可言之，用乐观的态度拥抱新生事物，以悲观的情怀做好基础性工作。这应该是老一代学人传承给我们的，需要今天的我们和明天的他们不断接力延续的。这样，在未来，人工智能一定会让我们的研究更精彩，让我们的祖国更强大！

后 记 站在人类文明的十字路口，以中国智慧重构安全范式

本书作为全球范围内较早以人工智能安全为主题的系统性研究专著之一，其得以出版问世，首先要感谢学界一致公认的国家安全学创始人刘跃进教授的悉心指导。从逐字逐句审阅文稿，到亲笔作序、几易其稿，既体现出前辈学人对严谨治学孜孜不倦的追求，也是先生多年来对后辈培养、提携、帮助、爱护、传道的真实写照。伟人如牛顿，亦曾谦虚地表示自己只是站在了巨人的肩膀上。本书的作者们还远远谈不上伟大，也只能是站在前辈学人的肩膀上，做了一些微小的工作。

还要感谢北京孙莉同志对本书出版的大力支持资助，她从具体实践特别是行业监管的角度，对本书提出大量具有建设性的意见建议，其思考之深入、操作性之强，体现了孙莉同志将学术与实务紧密联系的能力；感谢北京刘之简同学，他做事认真负责、井井有条，在相关资料搜集与整理方面做了大量工作；感谢吉林长春蔺家瑶同学在外文翻译和全书校对方面提出的独到见解，其中所展现的严谨的逻辑思路、扎实的文字功底，彰显了其在从事科研工作方面的巨大潜力。

行文至此，尚有几点体悟值得一言。

一、 从技术革命到文明命题： 为什么需要将 "安全" 作为核心叙事

当前，人工智能及其不断跳变的应用形态，已超越工具属性，成为重构人类社会规则的"文明变量"。基于此，本书的突出站位在于，首次将"安全"置于"技术—安全—文明"的三维坐标体系中，突破传统"风险防控"思维，表达了"安全是人工智能发展的前提条件，而非事后补救"的重要主旨；直击"算法黑箱化""数据殖民主义""智能系统失控"等全球性挑战，揭示技术异化对主权、人权、生态的威胁；提出"动态合规"框架，强调监管需与技术迭

代同步；论证"安全即竞争力"——唯有构建可信赖的人工智能技术生态，才能实现从"跟随者"到"规则制定者"的跨越。

二、 解构与重构： 中国智慧的实践路径

本书的另一个核心创新在于，以东方哲学思维回应当下西方中心主义的人工智能叙事。通过"人技合一""和而不同"等理念，提出技术安全的"韧性逻辑"，反对"绝对风险"幻想，主张建立"风险—治理—发展"的动态系统；强调治理安全的"协同范式"，突破"政府—市场"二元对立，构建"多元共治"体系化网络；笃定发展安全的"价值锚点"，提出"算法向善"评价体系，将"技术共同富裕""文化多样性"纳入安全可控的人工智能系统设计标准。

三、 敬现在： 一场跨越学科的集体远征

本书的写作，旨在实现技术理性与人文精神的交响。在此，笔者团队谨致敬所有计算机科学的研究者和实践者，一系列前沿技术案例既是观察的当代安全问题的绝佳样本，亦是思考技术与安全和谐发展的摇篮；同样要致敬所有法学家，从社会公平正义的高度构建"算法问责""数字权利"等制度框架，让人们深知无论技术之路走多远，都不能忘记良法善治；还要致敬所有社会学家，揭示"人工智能贫困化""新形态技术剥削"等社会风险，始终充满理性地告诫人们技术发展为了人、技术安全为了人；最后，致敬所有在一线坚守的监管者、工程师与伦理学家，他们用代码与初心，为我们正在通向的下一代人类文明筑起安全堤坝。

四、 致未来： 安全是通往星辰大海的挪亚方舟

笔者团队认为，人工智能的终极命题，是如何让技术服务于人类文明的永续发展。本书以简朴的努力，期望代表青年一代科研工作者在学理维度推进对主权的守护、对公平的坚守、对未来的承诺。

当 AlphaGo 战胜人类棋手时，我们看到的不仅是技术突破，更是文明的转折点；当 ChatGPT 与人类开始自由对话时，我们看到的不仅是新一代互联网技术，更是类人智能正在成为现实；当 DeepSeek 突破西方重重技术垄断与封锁成为科技自立自强的标杆时，我们看到的不仅是科技进步的无国界，更是

近代以来中国智慧重新崛起与突破的缩影……

　　最后，愿本书作一盏航标灯，照亮从"工具理性"迈向"价值理性"的航程——因为真正的安全，不在于消灭风险，而在于让人类始终掌握选择的权利。